監工驗收
全能百科王

華人世界第一本裝潢監工實務大全　不懂工程也能一次上手

目錄 Contents

事前做足功課　免走裝修的冤枉路

30坪的房子，裝潢預算要多少？局部裝修可以怎麼做？每1間房子都是辛辛苦苦打拼而來的，即使預算只有50萬元，也希望能夠做出自己夢想中的家。設計師設計得不漂亮，頂多影響視覺美感，若是工班把工程做壞，代誌就大條囉！不僅影響居住的生活品質，甚至造成公共安全問題，花錢都未必能消災。從事設計工作20多年以來，過去的我曾經因為專業性的不足，造成後續的管理不善而失敗，在自我檢討後發現，不只像我這般的設計師都會被當作「潘仔」，普羅大眾更容易因為相關的資訊不充分、專業不足，被唬弄後還要送錢給對方。想要不被當成潘仔，最好、最有效的方法就是先做功課，所有的工班及裝潢師傅，他們敢騙熊騙虎，也不敢騙懂的人。

在從事教學與傳播的路上，我陸陸續續發現同業、業主以及學生都得到不該有的對待。近年來許多號稱專業的施工人員，在敬業精神及專業技術方面卻不若以往，惡劣者甚至只會一昧地欺騙、訛詐，不但造成建築材料的浪費，也耗損業主寶貴的時間與精力。儘管因為知識的普及、網路的發達，許多業主已經有先見之明地利用各種管道搜尋需要的資訊，但無奈大部分的網路訊息猶如道聽塗説、瞎子摸象，反而讓業主霧裡看花，不明所以。

自從推出《監工完全上手事件書》及《建材監工寶典事件書》後，我便收到讀者熱烈的迴響與支持，還有各方的指教，大家對於「監工」這一門課題求知若渴，無論是在課堂上、與屋主或業界討論中，讓我了解到各方對於「監工」這

門實務的相關資訊有多麼喜愛與重視。此外，多年的教學經驗也讓我強烈感覺到，儘管大多數的設計師對於空間美感有獨特的設計風格，對於建材、工程的了解卻是一知半解，殊不知，科技發達的現代，建材種類日新月異，設計師或業主若無法蒐集正確資訊，極有可能用錯工法，造成施工不當的憾事。

有感於此，因此我決定再次推出《監工驗收全能百科王》一書，除了整合《監工完全上手事件書》及《建材監工寶典事件書》的精華，加以補充新的資訊外，更希望經由我提供的圖片解說，讓有需要的業主、設計師及工班，共同在裝修工程裡「監工」，營造更美好的空間。本書不僅有材料的運用與準備，也有工法上的流程，都是我在教授過程或實際經驗中經常遇到的問題，希望與大家分享；本書大量運用圖面、表格，為讀者整理出施工注意事項、基本的施工流程、監工的備忘錄等，希望可以提供讀者在施工時，作為一個監工的基本依據，減少不必要的爭執。

但願本書能喚起相關業者傳統的專業精神，也讓普羅大眾對於工程不再畏而遠之，最希望的是能夠提升整體的施工素質，營造更美好的空間及生活品質。要特別感謝一路走來特別給予幫助的廠商以及賴整維、呂正國、陳翰茂先生等友人在資金上的支援，另外也要感謝多位前輩恩師、君毅與健行科技大學的教育養成，並將這本書獻給他們。

施工前 拆除　泥作　水　電　空調　廚房　衛浴　木作　油漆　金屬　裝飾
　▲

Chapter 01

施工前必知

開工前，先搞懂尺寸、估價單、材料和人員進出、工班銜接點等監工要訣！

做裝潢，錢和時間是兩大要素，而屋況、建材、投入人力、平面設計等都會影響這兩大要素。

估價時，要認識各種尺寸換算，避免對方取巧以不同的單位來報價，以造成相對較便宜的錯覺。

由於施工得考慮到材料、人員進出，以及實際工作天數、與各工班之間的銜接點，把各項工程的施作時間掌控好，是一門大學問，定時和專業人士開會討論檢討工作進度，或者是使用備忘錄，都將能夠讓施工過程進行得更加順利。

項目	☑ 必做項目	注意事項
抓預算	1 了解建材、工資行情 2 以平面圖作為估價基準	1 預算與完工期望值是否對等 2 估價單要註明廠商、規格、尺寸、顏色、型號、包含哪些費用
抓工期	1 特殊建材用越多，工程期越長 2 工期和面積、屋況、投入多少人力有關	1 時程分主、客觀，需預留天氣、屋況不如預期等彈性 2 準備工程進度建議表
付款方式	1 依照工程進度採「階梯式付款」 2 與施作者口頭約定所造成的損失，由屋主自己承擔	1 用匯款方式取代現金付款 2 施工有問題或要改設計，切忌直接找現場的施作人員，務必找「監工窗口」溝通
認識監工圖與工具	1 每個空間都有 4 張立體圖，須精準標出施作工程位置 2 監工務必攜帶測量工具，並以數位相機、智慧型手機拍照	1 注意垂直、水平、直角三要素 2 留意施作尺寸是否與圖面相符
風水與敦親睦鄰	1 主動告知管委會和鄰居，並張貼公告 2 公共空間保護工程	1 看風水要在設計前 2 約束工班，不要讓噪音、菸味、垃圾等造成鄰居困擾

 施工前，常見問題

TOP1 找了兩家廠商來估價，選便宜的那家，實際做下去一直追加。（如何避免，見 P10）

TOP2 看了兩個月後的入厝日期，怎麼確定能否如期完工入住？（如何避免，見 P14）

TOP3 選定施工廠商還沒開始做，對方要求付訂金，我該付嗎？（如何避免，見 P18）

TOP4 請設計師畫圖自己發包監工，拿到一堆圖到底要怎麼監工呢。（如何避免，見 P22）

TOP5 設計圖都確認了準備施工，家人才說這樣設計風水不好，又要重畫設計圖多花錢。（如何避免，見 P30）

┌── **Part 1** ───────────────────

抓預算

黃金準則： 花一分錢，永遠是得到一分貨。貪小便宜當心因小失大。

└──────────────────────────

早知道 免後悔

一樣是油漆粉刷，拍賣網上有的 1 坪 NT.100 元起，有的連工帶料 NT.3,500 元起，還有的 1 房 NT.2,500 元，怎麼價差那麼多？對於裝潢這件事，談錢總是傷心又傷腦筋，每次遇到客戶含糊地問：「X 坪的房子，重新整修要多少錢，你估個價吧！」實在不知道如何回答。30 坪的房子，要做千萬裝潢沒問題，即使預算只有 50 萬元，也不是不能做，重點是「屋主對成品期望值，是否符合裝潢行情」！

不想被當成凱子，最有效的方法就是先做功課，所有的裝潢師傅騙熊騙虎也不敢騙懂的人。不管是全室裝修或是局部翻修，先打聽好材料行情、合理的工資，就不害怕被敲竹槓。

估價方式可分為兩種：

一、已經有平面圖，直接找廠商估價

建議可找三位師傅或廠商個別估價，就他

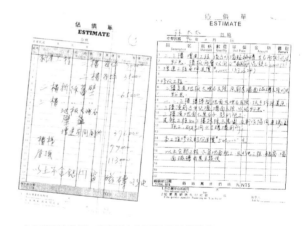

自行請廠商估價，廠商列出的工程項目越清楚，日後出現糾紛的機率較低。

常見的估價錯誤

不是所有建材都適用大面積 ÷ 小面積的算法，舉一個長 305 公分、寬 270 公分的空間為例，地板要鋪設 60 公分 ×60 公分的磁磚，你認為要訂購多少片呢？

用「面積」算
305×270÷(60×60)=22.8……
訂購 23 片磁磚就夠了

「長」「寬」分別算
305÷60=5.08
270÷60=4.5 → 6×5=30……
至少需訂購 30 片磁磚（不含耗損）

們提出的估價討論施工的內容、工法、材料，在相同的條件下，報價結果差距通常不會超過 1 成，而且在估價討論中，可以看出師傅及廠商的專業程度，較容易做出適合的選擇。

二、找設計師畫平面圖並估價

同樣可以選擇二～三位設計師，以相同的預算、施工條件請設計師分別畫出設計圖。雖然坊間許多設計師號稱可免費繪圖，但站

工項估價範本部分內容，在總估價表外，各工項需詳細列出各項次的材料及施工估價，較能掌控成本及預期品質。

在使用者付費的立場，建議你準備製圖費的預算。經由設計師的平面圖規劃，以及參考該設計師之前的作品，可以幫助自己選擇適合的設計師。

拿到平面圖，建議在所有細節圖面及工法皆確認後，再請設計師精準估價，如此對設計師、工班、屋主三方才能都有保障。一般設計師習慣使用的估價單格式，可分為空間估價及工項估價兩款，其優缺點分別如下：

估價方式	優點	缺點
空間估價	依照各空間可看出成本結構，容易就單項刪減調整預算。	無法看出實際工程的細價，及使用的材料品質，往往造成該花的錢沒花、省到不該省的。
工項估價	可以就材料的選擇上去增減預算，也較看得出詳細的施工細目價格。	如果在平面圖尚未定案前，就請設計師概估，比較容易在實際施工後出現糾紛。

小心！估價單中藏陷阱

(1) 米、坪等尺寸單位要注意一致。

(2) 搬運費、樓層費等費用是否包含在內，務必於估價單中註明。

(3) 施工項目、材料的規格，一定要寫清楚。

(4) 施工各環節的時間，須事先確認清楚，如施工前幾日，材料必須送達現場。

材料估價總整理

種類	包括廠商、規格、尺寸、顏色、型號等。
加工	先確定有無加工，不同材料有不同加工成本，不同加工方式也關係價格高低。
數量	材料會因少量或大量而有不同的單價，訂購量大的話，多數可以壓低價錢。
要訣	1 以相同的規格、尺寸等向不同廠商詢價，才能獲得較正確的行情，不能拿 A 廠商的產品報價去比較 B 廠商的產品報價，加工項目不同，也會有價差。 2 包括種類、加工、運費、樓層費等都要在估價單上標示出來，越清楚越不易有糾紛。 3 計算材料須留意尺寸換算，而建材未必適用大面積 ÷ 小面積的算法，採買時須預留 5 〜 10% 的耗損率（詳見錯誤估價）。
備註	材料送貨日期，費用是否包含運費、樓層費等。

老師私房撇步

考考設計師，評斷工程專業度

在繪製平面圖階段，可要求設計師提出材料及工法建議，以及施工的基本流程、他對於品質的要求等，就可測試出設計師對於工程部分的熟稔度。

知 識 加 油 站　工資估算

大工	師傅等級	參考工資約為 NT.2,500 元〜 3,000 元／天
小工	學徒等級 半師	參考工資約為 NT.1,200 元〜 2,000 元／天
零工	依工程狀況聘臨時小工（如打掃）	參考工資約為 NT.1,200 元〜 1,500 元／天

估價單上常見的尺寸換算表

單位 A	單位 B	單位 C	說明
1 吋	2.54 公分		金屬工程常見
12 吋	1 呎	30.48 公分	金屬工程
1 碼	3 呎	91.44 公分	窗簾布、沙發布常用單位
1 公尺	100 公分	1000 公厘	
1 寸	3.02 公分		木作工程
10 寸	1 尺	30.2 公分	木作工程
1 坪	6 尺 ×6 尺	180×180 公分	1 木工、油漆、壁紙常用單位 2 相當於 2 個榻榻米大小，地板材料、壁面、天花板、油漆都是以「坪」為計算單位
1 坪	3.3 米平方		建築或公共工程用單位各工項均有
1 才	1 尺 ×1 尺	30×30 公分	玻璃、鋁窗、地毯、大理石常用單位
1 米立方	100×100×100 公分		土方、泥作計料
1 米平方	100×100 公分		建築計算、各項均有
1 樘			門的計算單位
1 式			單一工程施工，含所有施工範圍、材料
1 車			1 趟車

Part 2

抓時間

黃金準則：特殊建材用越多，通常工程期會越長。

早知道　免後悔

張先生家翻修，拆除浴室才發現，前屋主陽台外推做成浴室空間，但外推工程粗糙，遇到大地震會有塌陷危險，加上管線老舊不堪使用，工程只能暫停，等設計師要變更設計後再說。新成屋裝修比較不會碰到大問題，工程期也比較好掌控，而中古屋裝修若是包含拆除工程，工程時間就相對難以精準預測。

一般來說，預估工程期要考慮到主觀和客觀因素：

主觀因素

指的生活作息，包括各社區大廈規定的施工時間、周休二日、連續假期、淡旺季等。

客觀因素

1 非人為控制的環境因素，包括颱風、雨季等。

2 房子自身狀況，包括建築物過於老舊、原始的改建有危險、違章建築，以及白蟻、蟲蛀、壁癌、損害鄰居建物等問題。建築屋況可申請「建築物原始建築圖」做好事前評估。

此外，如果屋主希望使用特殊建材，無論進口或是訂製都需要額外時間，也會影響工程進度。一般新成屋不改隔間簡單木作大約 1 ～ 1.5 個月左右，老屋的話至少抓 3 個月以上比較合理。

掌握裝潢進度三步驟

第一步
申請建築物原始建築圖

包括平面圖、竣工圖原始尺寸的大小，徹底了解房屋原始狀況，避免中途變更設計，浪費時間。

老師良心的建議

先申請原始建築平面圖，確認結構狀況，避免裝潢多走冤枉路，多花冤枉錢。

申請建築物原始建築圖 3 部曲

Step 1	先至各縣市的建設局處申請建築物使用執照影本，上面會標示建造執照的年份與號碼，就可知道是哪一個機關（縣市政府或鄉鎮市公所）核發的執照
Step 2	備好屋主身份證影本、印章、房屋所有權狀影本或建物謄本、使用執照影本，至核發機關的建築管理相關局、課申請「影印原核准圖說」
Step 3	須註明要申請建造執照之結構平面圖與配筋圖，若只申請使用執照圖說，不會核發結構平面圖

註：影印 A1 尺寸 1 張約 NT.200 元，規費另計

知 識 加 油 站 台北市建築管理工程處申請建築圖說

申請項目	須檢附資料	申辦地點‧費用‧時間
申請原圖（即平面圖、竣工圖原始尺寸的大小）	所有權人身分證影本、印章及建物的建號（或建物所有權狀影本），如委託他人申請者：另附代理人身分證影本及印章	台北市政府南區 2 樓建管處資訊室辦理，每張圖說費用約為 50 元，4 個工作天後再繳費領件。
申請縮影圖（即平面圖、竣工圖縮成 A3 尺寸的大小）	所有權人身分證影本、印章及建物的建號（或建物所有權狀影本），（如委託他人申請者：另附代理人身分證影本及印章）	台北市政府南區 2 樓建管處資訊室辦理，每張圖說費用為 3 元，1 個工作天後再繳費領件。

高雄市政府建築圖說複印線上申請系統

網址：buildmis.kcg.gov.tw/kcgbuildpay/process.jsp

第二步
檢視結構與是否有違建

拿到建築物原始建築圖，可看出有無違建、房屋原始結構等，有問題的地方，利用這次翻修一併處理。

▶▶

第三步
利用淡旺季調配工程期

單一的小工程儘量利用淡旺季優勢調配工程期，例如冬天進行空調工程，夏天改裝瓦斯管線等，就不怕找不到工人。

掌握工期總整理

1 要有設計備忘錄	2 採購建材注意進貨時間
專業的設計師會提供設計備忘錄或設計需求表，詳載各個空間需要的功能或傢具擺放位置，而可行性也需要經過設計師與業主確認。	無論自行採購或代購，購買產品之前，可委請工班或設計師陪同前往商店看產品。
簽約備忘錄、或是洽談備忘錄，可將許多口頭約定記載下來，避免業主或施工單位、設計師隨便承諾，事後反悔而引起的不愉快。	若是以點工點料的方式來自行採購，那麼時間當由業主或工班來協調，並配合工班的施工進度將材料運進場，否則如因時間配合不恰當而延遲施工進度，則業主將必須自行吸收損失。

裝潢工程流程 Ckeck List

項目	流程	坪數／人數／天數 註1
1 拆除	做防護→公告→斷水電→配臨時水電→拆木作→拆泥作→拆窗→拆門→垃圾清除	30～70 坪／4～8 人／3～6 天
2 砌磚	做 1 米水平線→放地線（隔間）→立門窗高度調整→磚淋水→水泥拌合→地面泥漿→植釘、筋→置磚→泥漿清除→放眉樑（門窗部分）	3～20 坪／2～4 人／1～3 天
3 壁面水泥粉刷	水泥拌合→貼灰誌→角條→打泥漿底→粗底→刮片修補→粉光	20～50 坪／2～4 人／3～天
4 門窗防水收邊	泥漿加防水劑拌合→拆臨時固定材→置泥漿→收內角→抹外牆洩水面	20～30 坪／2 人／2 天
5 貼壁磚	放垂直水平線→定高度→貼收邊條→拌貼著劑→貼磚→抹縫	10～20 坪／3～5 人／2～4 天
6 地面磁磚溼式工法	地面清潔→地面防水→測水平線→水泥砂拌合→地面水泥漿→修水平→置水泥砂→置磁磚→敲壓貼合→測水平	20～30 坪／3～5 人／2～4 天
7 地面磁磚乾式工法	地面清潔→地面防水→測水平線與高度灰誌→水泥砂拌合→地面水泥漿→置水泥砂→試貼磁磚→取高磁磚檢視磁磚底部→修補砂量→置水泥漿→放置磁磚→敲壓貼合→測水平	20～25 坪／2～4 人／3～5 天
8 木作天花板（分平鋪和立體）	測水平高度→壁面角材→天花板底角材→立高度角材→釘主料、次料、角材→封底板	15～25 坪／4～6 人／10～20 天

工項	工序	坪數／人數／天數
9 立木作櫃（分高櫃和矮櫃）	測垂直水平→定水平高度→釘底座→釘立櫃身→做門板、隔板、抽屜→封側邊皮→鎖鉸鏈、隔板五金、滑軌→調整門板	20～30坪／2～4人／0～30天 註2系統傢俱2-4人3-5天
10 木作壁板	立垂直水平線→放線→下底角材→釘底板→貼表面材	20～30坪／2～6人／2～5天
11 木作直鋪式地板	地面清潔→測地面水平高度→置防潮布→固定底板→釘面板→收邊	20～30坪／2～4人／1～3天
12 木作架高式地板	地面清潔→測地面水平高程→置防潮布→固定底角材→置底夾板→釘面材→收邊	20～30坪／2～4人／2～4天
13 立金屬門窗	舊窗清除→立內窗料→調整水平、垂直→防水收邊→置內窗→固定玻璃→固定或放置紗窗	6～15窗／2～4人／1～2天
14 輕鋼架隔間	地壁面放線→釘天花、地板底料→立直立架→中間補強料→開門窗口→單面封板→水電配置→置隔音或防火填充材→封板	20～40坪／2～4人／2～3天
15 木作物玻璃固定	確定厚度→固定木作物的水平垂直→置玻璃→收邊固定→擦拭	2～10窗／2～3人／1～2天
16 木皮板油漆	砂磨→底漆→染色→二度底漆→砂磨→面漆	20～60R／2～4人／5～8天
17 油漆（牆面：水泥牆、木板牆、矽酸鈣板）	防護→補土→批土→砂磨→底漆→面漆	40～80坪／2～4人／6～10天
18 一對一壁掛空調機	確認空調機水電位置→冷媒、排水、供電配置→待木作與油漆完成→固定室內機→抽真空→測試	3～6組／2～4人／2～3天
19 隱藏式空調機	確認內外機配置位置→固定內機與配置風管→放置迴風板→水電配置→待木作與油漆完成→置室外機→抽真空加冷媒→測試	3～6組／2～4人／3～5天
20 安裝馬桶	對孔距→固定底座→置水箱→測試	2～4組／1～2人／1～2天
21 安裝嵌入式燈具	確定孔距→確定天花孔位→挖孔→迴路配線→置燈固定→測試	20～60個／2～3人／1～2天
22 安裝廚具	水電位置完成→壁面磁磚→瓦斯抽風口取孔→立上下框→固定高櫃→鋪檯面→挖水槽→安裝油煙機、水槽、龍頭→門板固定調整→封背牆、踢腳板→防水收邊→測試	210～350公分／2～3人／1～2天
23 安裝浴缸	泥作側撐防水完成→測排水高度與水平→置浴缸	1～3坪／1～2人／1天
24 貼壁紙	補土→批土砂磨→擦防霉劑或底膠水→放線→貼天花板→壁板→腰帶	20～120坪／2～4人／2～4天
25 水洗或抿擦細石材	放線→釘伸縮縫木條→水泥與細石材拌合→鏝抹→水洗（或海綿擦拭）→去木條→收防水縫	6～20坪／2～6人／1～3天

註1：坪數／人數／天數，坪數條件相同下，以最少人數對應最大天數，或是最多人數對應最少天數，舉例：拆除30坪房子若是4人同時進行，最多約花6天，6人同時進行，則約3天可完成。

註2：若櫃體尺寸相當，系統傢具約為2～4人／3～5天。

┌─ Part 3 ────────────────

付款方式

黃金準則：儘量用匯款方式（有白紙黑字＋個人正確資料）取代現金付款。

早知道　免後悔

好不容易等到設計師通知完工可以驗收了，王太太準備齊全地去看新裝修好的房子，卻發現浴室有塊磁磚一個小角角裂了，追求完美的王太太大發雷霆，揚言如果沒有換新的，要扣住 10 萬塊錢的尾款。一個小裂縫被扣 10 萬元，工班、設計師心裡都不爽，不管王太太是否是看好日子要搬進房子，就拖著工程不動，等到王太太全家不得不搬進去，一狀告到法院卻敗訴，才知道這樣在法律上站不住腳。

過去在收、付款項時，收款的人只在估價單上簽個姓畫個圈，例如 ㊣、㊑、㊗……就表示銀貨兩訖。但現在你還是這樣付款嗎？騙子不上門才怪！曾有一次某人聲稱來收幾萬塊錢的工程款項，只簽了一個㊣，過沒多久，又有人來收同樣的款項，說被收走啦！拿出單據一看，只有一個㊣字，沒有全名、沒有電話或住址，無法當憑證，只能忍痛再付一次，之前的那幾萬塊錢就好像丟進水裡，心好痛呀！

有人希望用付款來控制工程品質，「沒做好就沒錢拿」，聽起來可行，實際上卻有可能影響工班資金調度，民宅裝修不是政府機關工程，你怕工班跑路，工班還怕做好了工程而你不付錢。一般說來，工程最好採階梯式付款（見下表），分 5 ～ 6 次付款，對雙方都有保障。

階梯式付款流程

1　簽約時付訂金
總工程費10% ▶▶

2　開工當天起，3～7天內，拆除工程結束，水電工程完成，門窗基本框立了
總工程費20% ▶▶

3　隔間、管線、防水做好，磁磚進場──進入泥作工程
總工程費20%

老師良心的建議

屋主、設計師、工班，大家好聚好散。

室內設計工程合約書

立合約書人 　　　　　　　　　　　　　　　（以下簡稱甲方）

　　　　　歐富家系統傢俱有限公司　　　　（以下簡稱乙方）

茲就甲方委託乙方承攬室內設計工程壹案，雙方同意訂定共同遵守條款如下：

第一條、工程名稱：

第二條、工程地點：

第三條、工程範圍：乙方照設計圖說及估價單(如附件)，經甲方簽認後依所列項目施工。

第四條、申請手續：有關本工程各項手續及各主管機關之許可證明之申辦，得委託乙方代辦之，相關規費應由甲方自行負擔。若甲方不願負擔，視同甲方不願辦理相關法定程序。

第五條、保證金及其他費用：有關本工程之裝潢保證金、大樓管理費、其他因大樓管理委員會要求協助新增或維護公用設施所衍生之費用、其他因該棟住戶所要求協助新增或維護其住家設施所衍生之費用，由甲方自行負擔。

第六條、工程期限：

　　(一)本工程依雙方協訂於　　年　　月　　日開工，全部工程在開工後　　天內完工，最遲不得超過　　年　　月　　日。

　　(二)在工程進行中，如因甲方要求要變更或追加工程，致影響完工期限，則應由雙方協商並另訂完工日期。

　　　　倘因甲方所致或不可抗力之事由或其他不可歸咎於乙方之事故致影響工程進度時，經甲乙雙方會同至現場查驗屬實後，應依據不能工作之實際日數核算並展延工程期限。

第七條、總工程價款：新臺幣　　　　　　　元整(未稅)

第八條、付款辦法：甲方應以現金支付或轉帳匯款方式支付全部工程款。

　　匯款資料如下：

　　銀行別：永豐銀行 城中分行

　　帳　號：126-018-00002767

　　戶　名：林欣蓉

期數	工程進度	%	金　額	備　註
合計				

第九條、甲方負責事項：

4

木工進場——代表泥作工程結束

▶▶ **總工程費20%**

5

油漆進場——最後裝飾開始

▶▶ **總工程費20%**

6

完工驗收結束，付清尾款

▶▶ **總工程費10%**

備註：1 可訂出若驗收發現瑕疵，雙方可以接受的付尾款方式但書

　　　2 匯款是匯到公司或個人，都必須在合約上備註清楚

另一個須特別注意的是——與師傅的溝通要訣，單一工項發包，有任何問題找管理階層，若是交由設計師或工班負責人監工，則直接找監工窗口溝通，切忌直接找現場的施作人員，因為：

一來，施作人員未必是師傅，專業程度不詳。

二來，與施作者口頭約定所造成的損失，由屋主自己承擔。

知 識 加 油 站　付款可能遇到的狀況

1	工班拿了錢就跑，打死電話不通。
2	材料送到，工班收了材料錢卻未付給材料商，人拿錢跑了。
3	做到一半，利用工程追加，溝通不良，作為停工理由。。

監工包含工程管理與監督

任何工程都需要監工，基於使用者付費原則，設計師或監工者會收取工程管理監督的監工費。監工費約占總工程費的 5 ～ 10%，若是自己監工，當然可以省下這筆錢，不過必須具備足夠專業知識、有充裕的時間待在工地監督……；若是選擇由設計師或工班負責人監工，那麼關於工程大小事項都必須與監工溝通，再由監工與施作師傅溝通。

口說無憑，任何變更務必書面記錄

萬一碰上屋主信任施作者更甚於監工的情況，建議屋主一定要請師傅把希望更改設計的部分白紙黑字寫下來，並且簽名以示負責，或者是用 EMAIL 說明清楚變更細節，並請對方回信同意。曾有施作人員與屋主口頭約定擅改設計，造成尺寸出現誤差，須重新施工，由於沒有經過設計師同意，所有工時、材料的損耗都必須由屋主自行負擔，想省小錢反而花大錢，得不償失。

驗收定義與支付尾款		無論是否百分之百完工,或是工程結束驗工發現仍有瑕疵,屋主一旦將物品搬入整修的空間裡,在法律上都「視同完工」。等到搬進去發現有問題,或是明知有問題仍堅持先搬進去,之後即使走法律途徑處理金錢糾紛,成功機率都很低。
補救方程式	1 瑕疵維修立但書	工程沒有百分百完美,一塊磁磚的小裂縫要扣款 NT.10 萬元實在有點超過,若依照「建築法」規定,合理的扣款約為千分之二。在簽約時就可以明訂雙方都可以接受的瑕疵維修但書,例如依照瑕疵情況,扣留尾款的若干成數,等到瑕疵補救好,就付清尾款,如此雙方就可避免傷和氣。
	2 與工班好聚好散	工程結束付款是天經地義,依照瑕疵狀況先扣留部分尾款,不影響工班、設計師的資金調度,他們也會儘可能趕快彌補,才能順利拿到剩餘款項。若發生衝突告上法院,又是一場勞心勞力的過程,對雙方而言都不利。

掌握工期總整理

付款行規	工班不可能代墊材料費,若是自己監工,材料到現場後就要開始施工,施工完隔天就要付錢
錢要匯給誰	1. 公司→匯給設計師工作室就等同匯給公司行號,通常須外加 5% 的稅金
	2. 個人→匯給個人帳號(所謂人頭帳號)雖然可以省下 5% 的稅金,卻要小心收到錢的人死不認帳,一定一定要白紙黑字寫下收據,而收據要由收到錢的人自己書寫,並留下身分證明,以避免日後糾紛
如何付款	**開支票**:一般來說劃線即可,不必再註明「禁止背書轉讓」,過多註明恐怕影響工班的資金調度 **給現金**:小工班多數是給現金,要記得請對方提供身分證明、住址,付款時,務必請對方在收據上蓋上印章、留下簽名

Part 4

認識監工圖與工具

黃金準則：每一個空間都有 4 個立體圖，須精準標出施作工程位置

早知道 免後悔

平面圖、立面圖，可說是裝修工程中相當重要的「語言工具」，一切的圖從最原始的丈量圖開始，發展出各種不同功能的圖，包括平面圖、立體圖、剖面圖、大圖以及細部圖等，藉由監工圖，師傅可以馬上清楚工程師做的需求及細節，而監工圖也是屋主、設計師、工班 **3** 方相互憑藉、溝通的施工依據，無論是否自己監工，一定要看懂各類監工圖。

所有的監工圖都從丈量開始，丈量時不只是標明長寬高等尺寸，還必須注意 2 大要點：

1 門、窗、牆、樑下的尺寸。

2 觀察牆壁裂縫、管線有無生鏽、有無漏水，以及是否有白蟻蟲蛀等情形。

所謂的丈量圖，是先丈量空間中的各種尺寸，之後將其轉換成原始平面圖，圖面上必須標明門窗以及開關箱的位置，而丈量圖的繪製方式要依照順時針的方向與順序來進行，

數字標示時最好是面對丈量的空間方向。其實丈量房屋的同時也是在替房屋做體檢，在丈量完畢後，除了繪製出丈量圖外，還必須有標註房屋的現況圖，尤其是中古屋更不可或缺，如此在裝修房屋時才能一併解決房屋現有問題。

有了原始平面丈量圖，就可標示出原始格局，以及門與窗戶的位置、開啟的方式與方向，樑柱的位置、原始衛浴設備配置位置，

繪製丈量圖步步教學

1

畫出基本草繪圖

依照屋型畫出基本草繪圖，標示出大門位置、冷氣孔以及窗戶，窗型可以用符號大概畫一下。 ▶▶

2

畫出基本草繪圖

依照屋型畫出基本草繪圖，標示出大門位置、冷氣孔以及窗戶，窗型可以用符號大概畫一下。 ▶▶

作為格局變更以及結構的分析，同時也可算出總面積。由原始平面丈量圖開始，再進行繪製其他監工圖，就可以更了解屋況。

申請建築物原始建築圖 3 部曲

平面圖	所有設計圖的開始，可依此考慮空間運用和動線考慮以及各種生活機能的方便性，通常需要經過幾次的空間改變與溝通
立體圖	藉此了解基本的空間感，並對於樑、門窗、冷氣、管線等設置可以精確標明尺寸及位置，每一個空間都有 4 個立體圖，必須精準標出施作工程位置
剖面圖	可了解器材、配件的位置，各類管線一目瞭然
大圖	確認施工的尺寸、材料、結合方式
細部圖	各項工程的細部建議圖 如收編、材料、位置與配圖

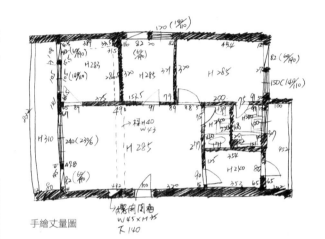

手繪丈量圖

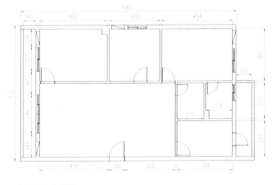

原始平面丈量圖

3

標出門窗高及寬

門寬先標示出來，窗要標出寬度高度、以及窗的下緣高，以作為之後訂製書桌與書櫃參考用，窗內高與寬可作為新增鋁窗的數量與估價參考依據。

▶▶

4

衛浴設備標清楚

化妝室、衛浴陳設以及水龍頭的位置都要清楚標示，另外管線的位置也關係到日後遷移的方便性，也須標明。

▶▶

5

瓦斯器具陳列圖

廚房須草繪瓦斯器具的陳列方式，方便日後瓦斯管與水電管線的更改遷移。

手上有了圖還不夠，現場監工的工具還多著呢！由於工程中牽涉多種單位尺寸，各種測量工具不可少，數位相機、智慧型手機都是好幫手。

工具 1：捲尺

目的在於丈量以及確定規格與尺寸，大部分單位是使用公制的「公分」；若考慮風水則要使用「文公尺」（上陽下陰，以紅色為吉、黑色為凶）。

工具 2：水平尺

主要測量各種水平值，尤其在安裝鋁門窗、鋪設磁磚以及測量門窗水平時。

工具 3：比例尺

為了確定圖稿上的尺寸使用，有時雖可用捲尺代替再換算，但要慎防誤差過大。

工具 4：計算機

用在尺寸轉換、計算上，以防算錯。

工具 5：手電筒

勘查工地現場時，某些地方如天花板，就一定需要手電筒照明，才能看清楚管線位置，還有其他尚未裝設照明的地方也用得到。

工具 6：數位相機或照相手機

在現場可隨時拍照，以避免日後糾紛，善用數位化管理，能使監工作業順利很多。

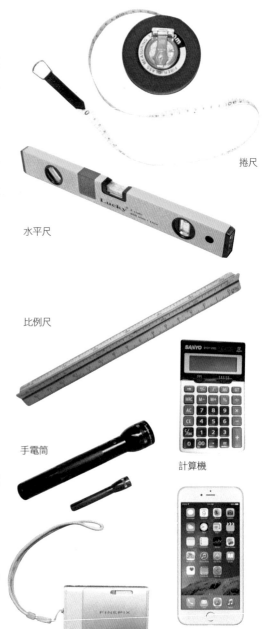

捲尺

水平尺

比例尺

手電筒

計算機

相機及手機

繪製丈量圖步步教學

6 漏水裂縫要標明

後陽台水電錶、瓦斯錶、熱水器的位置，以及女兒牆的上下緣高，舊鐵窗的高度都要測量，並觀察天花板有無漏水，以及牆壁有無裂縫等。

7 標出總電表、灑水頭

客廳要標明電表總開關及對講機的高度、寬度與位置，如天花板有消防灑水頭，數量及位置要標出來。

✎ 老師私房撇步　監工六字箴言

垂直	只要是立面性的牆壁、壁磚或者是門、窗等，一定要考慮到垂直。
水平	只要是橫向的線條，如砌磚、地磚的水平，桌面、門、窗等，須注意水平線。
直角	同一個地、壁面空間結合的地方，比如地壁結合點、樑柱之間、陰陽角處，儘量採取直角，在美感上才會有加分效果。

監工圖總整理

平面配置圖	是所有設計圖的開始，可依此考慮空間運用和動線考慮以及各種生活機能的方便性，通常需要經過幾次的空間改變與溝通，在洽談中，屋主可藉此了解設計師在空間上的運用與專業能力。	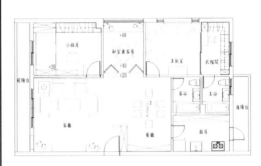
索引平面圖	可說是所有施工圖的總整理，上面標名了各項目的索引編號，可與索引對照表互相比對使用。編號分類各代表不同項目，如「F」為活動傢具、「CA」為木作固定傢具、「D」為門、「W」為鋁門窗、「1」為空間編號，可稍加注意。	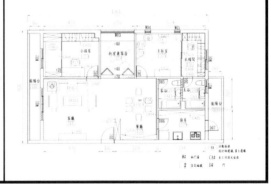

8 樑寬與高度要丈量

要丈量出樑寬與地面對應高度的數據，用做了解天花板造型設計，與地面高度用。

▶▶

9 丈量天花板總高

最後要丈量天花板的總高。

▶▶

10 標示十字線

標示十字線，可量出室內空間的總長和總高。

備註：丈量之後要再次確認所有丈量的項目是否有遺漏，比方門窗或牆面的數據。丈量時由一人拉線、一人紀錄的合作方式較為適合，同時要記得複誦數據以避免口誤。並同時觀察房屋現況舊漆厚度、壁面平整、踢腳板材質、地面、天花板是否複層、多層、壁癌、開關插座位置、保留丟棄物紀錄

手繪或 3D 透視圖	可藉此了解基本的空間感,也可了解設計師是否具有此基本的專業能力。	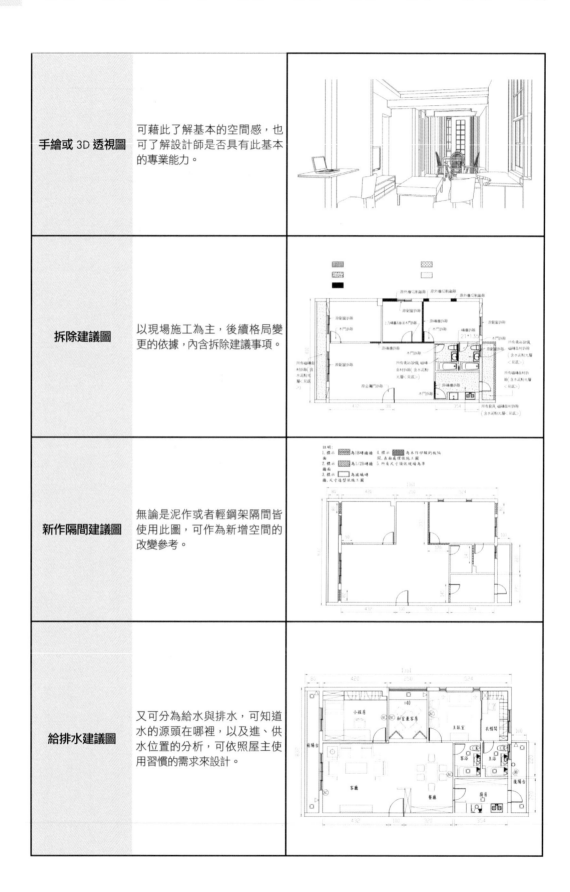
拆除建議圖	以現場施工為主,後續格局變更的依據,內含拆除建議事項。	
新作隔間建議圖	無論是泥作或者輕鋼架隔間皆使用此圖,可作為新增空間的改變參考。	
給排水建議圖	又可分為給水與排水,可知道水的源頭在哪裡,以及進、供水位置的分析,可依照屋主使用習慣的需求來設計。	

給排水系列立面圖	常使用在衛浴設備的標註，可知道各給排水管路的高度位置，以及對應的衛浴器材的品項。	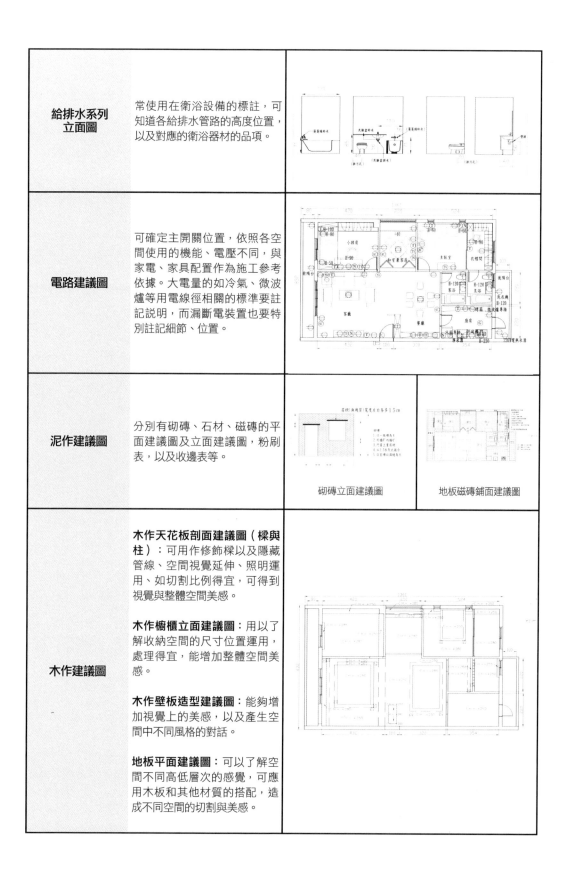
電路建議圖	可確定主開關位置，依照各空間使用的機能、電壓不同，與家電、家具配置作為施工參考依據。大電量的如冷氣、微波爐等用電線徑相關的標準要註記說明，而漏斷電裝置也要特別註記細節、位置。	
泥作建議圖	分別有砌磚、石材、磁磚的平面建議圖及立面建議圖，粉刷表，以及收邊表等。	砌磚立面建議圖　　地板磁磚鋪面建議圖
木作建議圖	**木作天花板剖面建議圖（樑與柱）：**可用作修飾樑以及隱藏管線、空間視覺延伸、照明運用、如切割比例得宜，可得到視覺與整體空間美感。 **木作櫥櫃立面建議圖：**用以了解收納空間的尺寸位置運用，處理得宜，能增加整體空間美感。 **木作壁板造型建議圖：**能夠增加視覺上的美感，以及產生空間中不同風格的對話。 **地板平面建議圖：**可以了解空間不同高低層次的感覺，可應用木板和其他材質的搭配，造成不同空間的切割與美感。	

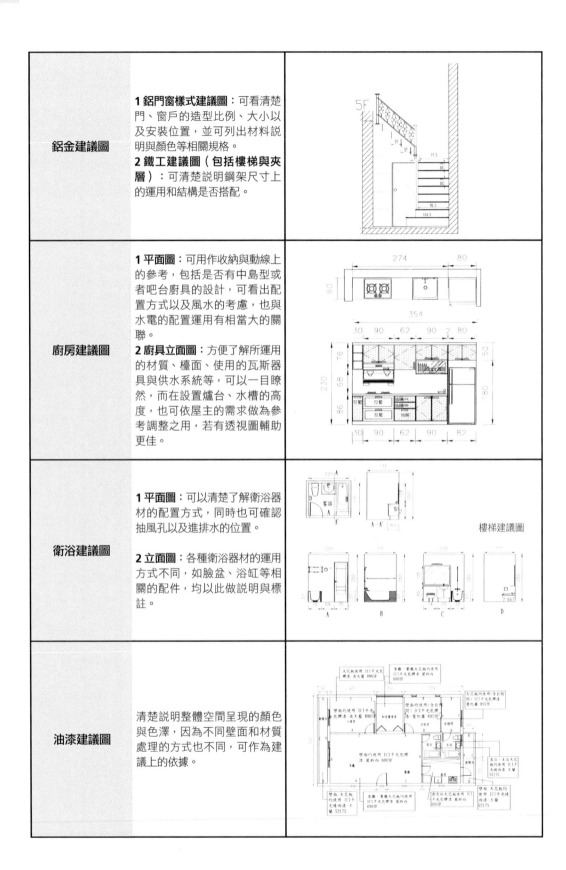

鋁金建議圖	**1 鋁門窗樣式建議圖**：可看清楚門、窗戶的造型比例、大小以及安裝位置，並可列出材料說明與顏色等相關規格。 **2 鐵工建議圖（包括樓梯與夾層）**：可清楚說明鋼架尺寸上的運用和結構是否搭配。	
廚房建議圖	**1 平面圖**：可用作收納與動線上的參考，包括是否有中島型或者吧台廚具的設計，可看出配置方式以及風水的考慮，也與水電的配置運用有相當大的關聯。 **2 廚具立面圖**：方便了解所運用的材質、檯面、使用的瓦斯器具與供水系統等，可以一目瞭然，而在設置爐台、水槽的高度，也可依屋主的需求做為參考調整之用，若有透視圖輔助更佳。	
衛浴建議圖	**1 平面圖**：可以清楚了解衛浴器材的配置方式，同時也可確認抽風孔以及進排水的位置。 **2 立面圖**：各種衛浴器材的運用方式不同，如臉盆、浴缸等相關的配件，均以此做說明與標註。	樓梯建議圖
油漆建議圖	清楚說明整體空間呈現的顏色與色澤，因為不同壁面和材質處理的方式也不同，可作為建議上的依據。	

| 裝飾建議圖 | **1 窗簾建議圖**：可以秀出不同的造型，主要多是立面圖，窗簾的造型可以依此畫出，並且秀出番號與色號。

2 壁紙建議圖：平面圖、立面圖可以秀出使用什麼樣款式的腰帶，圖面上也應該附有清楚的品牌名稱與編號以及施工位置。

3 地毯建議圖：可看出鋪貼的方式與其他空間材質收邊的方式，並可詳細計算出數量。 | |

窗簾 A-1

		樣式	品牌	尺寸	編號	軌道	配件	紗	型號
小孩房		對拉布簾							
和室		橫式羅馬簾							
主臥		直立百葉							
更衣室		對拉布簾							
客廳		對拉布簾							

壁紙 A-2

	品牌	編號	數量	貼向	備註
客廳面牆					
和室牆					
和室天花					

── Part 5 ──────────

風水禁忌與敦親睦鄰

黃金準則： 遠親不如近鄰，施工勿忘敦親睦鄰。

早知道 免後悔

許多傳統家庭，尤其是長輩資助的房屋裝修，風水問題一向備受重視。最常見的樑不能壓床、房門勿正對廁所門……，在畫設計圖時就可以先行避忌，而更慎重的屋主，通常會請陽宅老師親自到現場會勘，同時對於色彩、門窗、灶火位置等提出建議。不過，陽宅老師看的是風水方位，而設計師看的是建築空間，兩者之間務必取得共識，房子裝修才能順利進行。

為避免設計與風水無法兼得的狀況發生，最好的方法莫過於先請陽宅老師確定家中財位、顏色及其他禁忌，再提供給設計師畫圖，省去一再改圖的時間及金錢。等平面圖完成後，再由屋主與陽宅老師、設計師三方共同到裝修現場實際確認溝通，在避免破壞房屋結構的前提下，進行有利於風水的空間施工。

另一方面，所謂和氣能生財，高高興興裝修房子，滿心期待有個漂亮新家，如果因為施工造成鄰居不便，甚至雙方結下樑子，即使有再好的風水也住得不開心。敦親睦鄰可分為公私兩方面來看，公的部分，社區大樓裡的住戶務必遵守「公寓大廈管理條例」或該社區的管理規範，包括施工時間、保護措施等；而私的部分則是針對相鄰的住戶，要為施工不便致歉外，最好可以設身處地替對方設想周全，主動保護鄰居的環境清潔。

避免擾鄰作業流程

1 向建管單位申請裝修許可證

▶▶

2 依照社區管理規則繳交保證金、清潔費，同時遵守保護規範

▶▶

3 人與材料路經的地方都做好防護措施，包括牆壁與地面、電梯等

▶▶

🧑 老師良心的建議

在設計師畫圖之前，先請陽宅風水師確定財位、顏色、禁忌等注意事項

招睦鄰好撇步

注意房子界線	所有權狀界線位置到哪裡都要劃清，避免發生侵權問題
釐清漏水責任	最好在開工前先做溝通，尤其樓上樓下最易有此類糾紛
減低噪音困擾	一定要在規定時間內才能施工，尤其是拆除工程，盡量在最短時間內完成
協調居家風水	例如大門不能對上大門的問題，在以不損壞結構與整體外觀情況下，盡可能協調
控管工人進出	施工時大門要關閉，嚴格要求工班維持秩序與清潔
維護空間整潔	無論公私領域，都要注意垃圾分類處理及清潔的維護
有問題就停工	若施工時不小心動到結構，務必停工要找專業結構技師鑑定，絕對不可隱瞞事實，危害大樓安全
保護公共空間	材料會經過的地方務必做好保護措施，嚴禁在公共空間堆放雜物或廢棄物

裝修期間難免吵到鄰居，事前溝通加上妥善
管理工地，將產生糾紛的機率降至最低。

4
貼公告（公告欄、大門口、電梯）

▶▶

5
公共空間定時清潔→電梯使用控管，以每次不超過3分鐘為佳

▶▶

6
門禁管制以策安全

▶▶

7
拆除工程須事先申請路權，方便吊車或垃圾車停放施工，以不影響住戶進出為最高原則

小動作大保護，施工公告＝另類平安符

　　房屋裝修前就貼上施工公告來通知鄰居是比較妥當的方法，公告上必須註明施工地點、施工期間、各類公安注意事項，以及負責人的聯絡方式，並強調守法規定。須注意的是，公告不僅要貼在公寓或社區大門、電梯間等顯眼處，在室內裝修的地方更要張貼，一來讓鄰居可以清楚施工情事，二來是讓工班警惕，尤其公告內須註明「不得違反中華民國各項法律」，這樣萬一工人在裝修期間做出違法情事，如聚賭，業主可以免責。其他法規包括：

　　(1) 結構鑑定費由業主承擔：遇到結構鑑定的責任歸屬問題，一般來說，鑑定費用由業主承擔。

　　(2) 施工人員傷亡妥善處理：施工過程如遇人員傷亡等意外，雙方應就責任問題釐清，但一般責任不在業主。

　　(3) 避免破壞整體外觀設計：如要在防火巷加裝冷氣或水塔，或違建加蓋等，萬一施工過程不得不做，則要開立證明，釐清責任歸屬。

　　(4) 拒讓非法外勞進駐工地。

施工公告

各位親愛的住戶：

　　本公司榮幸承接本棟大樓500號20樓室內裝修工程乙案。

有關施工細節明細如下列所示：

1. 施工日期：101年8月15日至101年11月14日止。

2. 施工期間，施工人員一切遵守勞工安全衛生法、消防法規及建築物室內裝修管理辦法。

3. 施工所產生的噪音，如有造成不便之處，敬請原諒。

4. 如有任何困擾，懇請來電告知，本公司自當立即處理。

　　　　　　倘有任何指教之處，請電(02)2608-4780　鄭小姐

　　　　　　　　　　　　　　　　九五國際　敬啟

公共空間保護措施

1 地板鋪上地毯再鋪木板、電梯壁面則是保麗龍＋夾板＋壁紙三重保護，讓社區住戶無可挑剔。

2 同一層樓保護措施：樓梯間等公共區域定時或不定時打掃乾淨，裝修時會將鄰居的鞋櫃包覆好，以免灰塵沾染，更甚者，裝修完工後再致贈鄰居每戶一個新鞋櫃致謝，消弭不滿。

最新「公寓大廈管理條例」，可上中華民國內政部營建署網站查詢，網址：
www.cpami.gov.tw/chinese/index.php?option=com_content&view=article&id=10472&Itemid=57。

NOTE

施工前 **拆除** 泥作 水 電 空調 廚房 衛浴 木作 油漆 金屬 裝飾
▲

Chapter 02

拆除工程

亂拆房子，小心被罰新台幣 6 萬元，不僅會被勒令停工，還要把房子恢復原狀！

別以為房子是自己的，愛怎麼搞就怎麼搞，只要超過 300 平方公尺以上的面積簡易裝修、6 樓以上的泥作、高度 120 公分以上的變更，都必須申請裝修許可，而且——屋主不能自己申請，必須透過合法設計公司送至建築師單位申請。想省錢，不想申請？後果由屋主自行負責，萬一遭到檢舉，當場就會被勒令停工，並面臨 NT.3 ～ 6 萬元罰款，同時列管，之後所有工程都會被依最高標準施工。

項目	☑ 必做項目	注意事項
拆除前	1 調閱結構圖，請專業人員鑑定，做出拆除計畫書與拆除計畫圖 2 人與材料會經過的地方，都須做好保護工程	1 避免破壞結構 2 注意承載率 3 張貼公告，通知鄰居及管委會
拆除中	1 一般拆除順序為：由上而下、由內而外、由木而土 2 地面做到見底要防水 3 拆除門窗要把防水填充層清乾淨 4 不影響清潔與供排水的前提，馬桶最後拆除	1 拆除看到結構後再交由設計師畫圖，比較精確 2 很多問題拆下去才會知道，容易產生預算追加
拆除後	1 當天拆除的垃圾須當天處裡完畢 2 搞清楚清運拆除廢棄物的計價方式	1 切忌將垃圾直接從樓上往下丟 2 請具有專業證照的廢棄物清潔公司到場處理清運

 拆除工程，常見糾紛

TOP1 鄰居檢舉或大樓管委會認定破壞公共區域，要求停工。（如何避免，見 P38）

TOP2 樓上鄰居檢舉違法拆除，影響房屋結構安全。（如何避免，見 P36）

TOP3 原本拆除估價只說做到「去皮」，拆下去才說要做到「見底」，臨時追加預算。（如何避免，見 P40）

TOP4 拆除完畢請吊車清運廢棄物，結果當天吊車來了卻被警察開單。（如何避免，見 P44）

TOP5 拆除完畢也請人把垃圾清掉了，卻被鄰居檢舉汙染公共區域。（如何避免，見 P44）

Part I

Part1 拆除前

黃金準則：不要相信網路訊息，透過合法公司申請裝修送審才妥當。

早知道　免後悔

拆除工程是建設前的破壞，涉及結構、水電、管線等，拆除計畫應該要有條有理，而不是胡亂敲掉某一面牆、某塊地板就可以的。但現實上，不管是自住還是投資客，許多人裝修老房子，不管三七二十一就請人來敲敲打打，更改隔局，如果沒有建築物的概念，也不清楚房屋結構、承載率等力學問題，任意更改分戶牆或拆除剪力牆，即使沒有當場發生意外，房屋基本上也是岌岌可危了。

通常拆除工作在不影響結構的前提下，分為兩種：一是不能拆，二是非拆不可。不能拆指的就是涉及結構安全部分，包含剪力牆、載重牆等，以及部分支撐的樑柱。因此，在拆除工程前最好可以看到兩樣東西：

拆除計畫書

此外，也要對建築物有基本的概念：

1 結構：包括房屋現況、房屋所在土壤、風壓，是否位於地震帶等。

2 承載率：所謂的承載率分為淨載重及活載重，一般住家只須注意淨載重即可。

拆除隔間前要先確定牆面種類，木作隔間牆通常可拆除。

拆除工程申請程序

1 先申請原始建築平面圖、原始配置設備圖等 ▶▶ **2** 由合法設計師繪圖 ▶▶ **3** 送至建築師單位（如：建築公會）申請

老師良心的建議

不要貪圖一時方便，反而造成更大的不便。

拆除計畫圖

如外牆無載重與外觀的問題，可考慮切割工法。

陽台與女兒牆可見底也可去皮。

原外牆切割敲除
原外牆切割敲除
原外牆切割敲除
原鋁窗拆除

原鋁窗拆除
木門拆除
上方磚牆吊板及木門拆除
原磚牆拆除
木門拆除
原鋁窗拆除
木門拆除

所有磁磚面材拆除(含水泥粉光層<見底>)
原磚牆拆除
木門拆除
磚牆拆除
21*135
木門拆除
所有衛浴設備，磁磚面材拆除(含水泥粉光層<見底>)
原鋁窗拆除

所有磁磚面材拆除(含水泥粉光層<見底>)

原鋁窗拆除
所有衛浴設備，磁磚面材拆除(含水泥粉光層<見底>)
原磚牆拆除
所有磁磚面材拆除(含水泥粉光層<見底>)

原金屬門拆除
木門拆除

832
432 100 354
所有廚具，磁磚面材拆除(含水泥粉光層<見底>)

新增的門要將尺寸標示上去，如 W90×H220。

拆除的種類因設計的需求不同，比如格局變更、地板或壁材更換等狀況而有所差異，所以用簡易符號作為參考。如見底位置或表面去皮，其間的工法成本是有所不同的，在進度與預算成本上，也會有不同的落差。

4　依申請圖樣合法施工
▶▶
5　完工後由建築師會勘
▶▶
6　通過則由建築師蓋章以示負責，不通過則再改善
▶▶
7　建築師若放水，一旦被查知或出意外，將被吊銷執照，因此審查嚴格

一般說來，長寬各 10 公尺、厚度 0.1 公尺的水泥砂（水泥＋砂＋水混合），重量約 1.8 ～ 2.2 噸，如果將地板打掉 5 公分高，再回填 6 公分高的新地板，承載方面還不會有什麼大問題；但是，如果是像投資客那樣，將 3 房 2 廳的舊公寓改建成 5 間套房的出租樓層，多出 4 個廁所、十幾道牆壁，結構能否承載就是個大問題了。因此在申請裝修許可證時，會限制隔間數量。

10×10=100（平方公尺）→約 30 坪面積

0.1 公尺 =10 公分

每間廁所以 1 坪計算→因須埋設 10 公分高管線→地板至少須灌水泥砂 12 公分高→再鋪設磁磚墊高約 1 公分→若蓋了 5 間廁所，單單地板估計重量為：

W×D×H× 單位重 ×5 間 =4.6656

1.8×1.8×0.12×2.4 噸 ×5 間 =4.6656 約 5 噸

註：以上估算還沒計入馬桶、洗臉檯以及隔間牆的重量。

拆除時，人員要做好防護，廢棄物裝袋也要妥善包裹。

排水系統要先做好保護，避免拆除時造成堵塞。

拆除工程進行前，必要的保護措施不可少，只要是人與材料會經過的地方，都須做好保護工程，千萬不要求一己方便，造成鄰居及社區的不便。注意事項包括：

1　排水系統要先做好保護，如廁所、陽台的排水管，以免施工時造成堵塞。

2　拆除窗戶時在外圍要拉起警戒線或請專人勘查維護現場，以免人車毀損。

3　開口處如樓梯扶手，或容易造成人物墜落處，拆除時要注意安全。

4　現場要做好消防準備，要備有 A、B、C 類（乾粉、泡沫型）的滅火器。

5　事先做好斷電處理，防止拆除時造成人員感電，或電線走火等意外。

6　瓦斯管先關閉源頭，拆除時要注意暗管（埋在牆中或地面的管線）。

7 保留品要做好防護措施（如地板、鋁窗、衛浴馬桶等等），以減少損失。

8 碎裂物品要小心防護，將廢棄玻璃裝袋，務必妥善包裹，以免造成人員受傷。

9 告知左鄰右舍勿在施工時進入，務必貼出施工公告並留下聯絡電話。

10 施工人員要記得帶著手套、防塵口罩與安全帽等，避免意外損傷。

11 如有造成飛灰情況時，在室內最好有防塵處理，避免造成鄰居的不便。

由於拆除工程浩大，牽涉到包括建築、消防、公共安全、廢棄物等法規，務必選擇合法有證照的設計師或建築師，千萬不要相信網路上某些一支電話做生意的訊息，屆時出了糾紛或意外，師傅落跑，責任就在屋主身上了。

掌握工期總整理

在拆除前做好防範步驟	以免不小心碰觸到消防設備，萬一破壞消防管線，即很有可能使得大樓的消防水進入電梯，而必須支付高額賠償金。
拆除時間點要特別注意	尤其大型拆除工程的聲響相當大，要儘量避開休息時間，施工最好挑選在早上 9 時到中午 12 時、下午 2 時以後進行，千萬勿在夜間進行拆除工作，以免影響鄰居安寧。
颱風季樓面要做好防水	地面記得要先做好防水層，而排水孔則要保持順暢排水，若先前因需要而堵住排水孔，也記得要將栓子拔除，以免造成樓面淹水。

老師私房撇步

避免建築龜裂，拆除前先抓水平線

拆除前建議房子先抓水平線，若拆除不當，遇到異位性變化，例如地震時，房子可能瞬間龜裂，不可不慎。

想要了解更多關於房屋結構的知識，可參考中華民國建築技術規則，網址：w3.cpami.gov.tw/law/law/lawe-2/b-rule.htm。

98cm　92cm

傾斜約6cm

拆除前先做「抓水平線」工序，更有保障。

Part 2

Part2 拆除中

黃金準則：無論原先的裝潢有多漂亮，都拆除到可以看到原來結構。

早知道 免後悔

老房子裝修前，無論原來的裝潢有多漂亮、多富麗堂皇，一律都要先拆除，拆除到可以看到結構為止，這時才能觀察房屋真正的狀況，例如天花板、牆壁有無龜裂？木作有無白蟻蟲害？包柱的地方有無異樣？等拆除看到結構後，才能交由設計師畫圖，比較精確。

拆除工程是所有工程中最容易追加預算的，因為人們沒有透視眼，很多問題是拆了才知道，事前無法預知。例如原本只設定去皮，在拆除完所有裝飾材、角材後，才發現牆壁有壁癌、會滲水，這時就不能只去皮，而要進行見底工程了，預算也會相對增加。

水泥的壽命約在 10 ～ 15 年之間，若有外加式裝飾材料，約可再延長 10 年，但如果遇到水滲透、水化等因素，尤其是浴室、廚房、陽台等地，若原本使用的就是劣質水泥，壽命就得打折再打折了。一般說來，拆除工法分為以下幾種：

1 見底

地壁打到結構底，如紅磚、混凝土層，尤其老房子有壁癌處，或者水泥面凸起的部份，作用為方便重新水泥粉刷。

2 去皮

拆除停看聽

1 拆除順序

一般來說是由上而下、由內而外、由木而土，現場可依照情況彈性調整順序。拆除時多半先由天花板開始，接著是牆壁、地面。有些櫃子與天花板連結，拆除時要特別注意避免塌陷。

2 地面見底要防水

地面在有見底的部分須事先做好防水工程，否則施工中容易發生滲水到樓下的情況。

將表面裝飾材磁磚、塑膠地、壁紙、油漆、木板拆除之。

3 打毛

原油漆牆面，因為空間改變比方改為浴室或廚房，為方便貼磁磚，就可以不用見底或去皮，在表面上做均勻的點狀式處理見到水泥材以增加磁磚與牆壁的接著力。

壁面打毛

壁面見底

壁面去皮

地面見底

切割

4 切割

針對樓板的局部開挖，或者針對室外門窗的部分開孔，以不傷及結構與破壞大廈整體外觀為原則。

5 取孔

為了使用需求，在牆壁或地面挖洞，例如裝設瓦斯管、抽油煙機管、排風機、地壁面新增衛浴進水孔，嚴禁穿樑。

牆面取孔

地板取孔

3 拆除門窗要把防水填充層清乾淨

拆除門窗時，記得原有防水填充層要清除乾淨，以免影響新門窗的尺寸大小，同時造成新的防水處理無法完善。

4 馬桶最後拆除

在不影響清潔與供排水的情況下，馬桶建議留在最後拆除，方便工作人員在現場使用。

拆除 5 工法注意事項

見底	1 看天花板、隔間、地板接縫處,勘查磚牆是否老化、脫離 2 從樓梯間看樓板層厚薄判斷承重力,試著跳躍看樓板會不會震動 3 檢查牆壁與地面的管線,包括公共管線
去皮	1 去除裝飾材及相關結構含表面材的附屬工程材料 2 去完後應該不會影響下一個工程進行 3 撕除壁紙時使用鹽酸須留意,務必稀釋後使用,否則會損害水泥
打毛	1 主要施作在水泥表面 2 切忌在壓克力質或塑化類塗料上施作水泥工程
切割	1 目前較先進的做法是以水刀切割,減少噪音,但工資較高 2 建議開窗戶、樓梯等工程採用水刀,可減少工安意外 3 使用水刀切記水不要亂流,小心不要切到公共管線
取孔	1 堅守 4 孔原理:孔數、孔距、孔位、孔徑 2 取孔時要考慮完工後的實際尺寸 3 鑽取孔徑時,須預留二次工法尺寸

舉例來說,裝設馬桶用的孔位,糞管孔徑 10 公分,不能只鑽取 10 公分大的孔,必須取 13 公分大的孔,在安裝糞管後,管線四周仍有空間填充防水材料,以防日後滲漏,臭味四溢。

剪力牆、承重牆不能亂拆

隔間的磚牆不是每一片都可以拆,拆錯了,代誌就大條囉!常聽到剪力牆不能動,它究竟是什麼?

其實無論柱、樑、樓板、樓梯等,都是房屋結構的一部分,而剪力牆位於獨立結構的四分之一處,一般來說都會承受來自不同方向的扭力,載重牆則是整個獨立結構屋承受單一牆面、或結構重力中心的牆,一般都在二分之一處,如果隨意更動剪力牆或載重牆,都會造成房屋的結構變化,後果相當嚴重。萬一非動不可,絕對需要由專業的結構技師事先鑑定,至於鑑定費用通常由業主負擔。至於一般的隔間牆,經由界定之後,1/2B(1B=24cm、8 吋磚牆)以下都可拆除,輕隔間牆就更沒有拆除顧慮了。

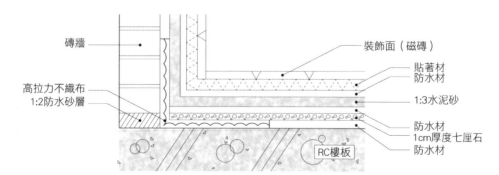

磚牆　　裝飾面(磁磚)　　貼著材　　防水材　　高拉力不織布　　1:2防水砂層　　1:3水泥砂　　防水材　　1cm厚度七厘石　　防水材　　RC樓板

老師私房撇步

樓板施工建議採用水刀切割

這種工法既減少噪音，又可以讓切割面完整，降低破壞
結構的機率，尤其是 RC 結構，開挖室內牆隔間或門窗
時，如是磚牆則要先切割再做拆除的動作，這是因為磚
牆是由磚塊交錯堆砌而成，切割再拆除才能精準掌握開
挖尺寸，如果直接用電鑽拆除，易造成工安意外。

切刀工程報價相差很大，最好先問清楚有無包含廢棄物
搬運、清除費用等。

✎ **知 識 加 油 站** 拆牆工錢計算

持大型機具的師傅	NT.2500～3500 元／天
持中小型機具的師傅	NT.1500～2500 元／天
雜工、搬運工	NT.1000～2000 元／天

　　註：多數工班都以每人 NT.3000 元／天
整體計價，而水刀工資稍高，含器具約為一
般行情的 2～3 倍。

Part 3

Part3 拆除後

黃金準則： 當天拆除產生的垃圾，當天清理完畢。

早知道　免後悔

無論哪一種拆除，都會清出數量超乎想像的垃圾廢棄物，切記！垃圾不得堆放在公共空間，當天的垃圾必須在當天處裡完畢。一般來説，垃圾清運可分裝袋與散裝兩種方式，建議要請具有專業證照的廢棄物清潔公司到場處理清運，而裝袋式要注意安全，嚴禁從高樓層以拋丟的方式扔到樓下，造成巨大聲響不説，還可能砸傷人；散裝垃圾則要做好綑綁的動作。

搬運拆除完完畢產生的垃圾，有以下幾種處理方式：

1 **人員搬運**——費用約 NT.2000 元／天

2 **機械式搬運**——費用約 NT.1500 ～ 1800 元／天

3 **器具搬運**——又分為：

a **動力型吊車搬運**——NT.2000 元起跳

b **吊掛型小金剛搬運**——通常由泥作工班統包，很少獨立議價

動力型吊車搬運

吊車清運停看聽

1 先量尺寸

先看房子多高、巷子多寬，現場勘查要吊哪些東西，進出空間（門窗）夠不夠大，再決定是否請吊車清運

▶▶

2 申請路權

承包人員須先至主管機關申請路權，並了解吊車可以工作的時段

▶▶

3 事先警戒

吊車工作範圍需放置道路警戒標誌，或是圍籬，避免非工作人員入內，以防止意外發生

至於要選擇何種方式，須看當時情況而定。若是房屋位於巷子過於狹小處，就不適合選擇吊車清運；若是拆除的廢棄物數量龐大，也不適合只採取人員徒手搬運。無論使用吊車運送或以人工徒手搬運，切忌將垃圾直接從樓上往下丟，除了會引發噪音問題外，更會產生安全問題。

這裡要澄清一個常見的迷思，人員搬運不一定比吊車搬運來得划算喔！

清運廢棄物要注意人員安全。

若以一個搬運工熟手一天 NT.2000 元的工資計算，要請他搬運每包 50 公斤的廢棄物上下 5 樓，加計重量、腳程與樓層，1 天頂多搬運 40 包，計算公式如下：

NT.2000 元 ÷40 包 =NT.50 元

這樣一來，等於每包廢棄物須付出 NT.50 元的搬運成本，若是數量更為龐大，人員搬運就不見得划算了，此時選擇吊車或小金剛，才是省時又省錢的搬運方式。

若選擇吊掛型小金剛清運，建議一定要與承包人員簽定切結書，由承包人員負責安全與清潔工作。由於吊掛型的小金剛須注意小心避開電線、雨遮、採光罩等障礙物，一不小心就容易造成損壞，到時工班落跑，責任當然非屋主莫屬了。

4 搞懂計價

▶▶ 吊車計價若以小時計，每小時 NT.3000 元起跳，第 2 小時起半價
吊車以趟計價，每趟 NT.8000 元／天起跳
註：吊車計價起迄時間要先問清楚，有的從吊車出動就計時，有的是吊車就定位後開始計時

5 專業操作

▶▶ 使用吊車的操作人員須具備專業起重執照，由專業人員負責操作執行

拆除驗收 **Ckeck List**

點檢項目	勘驗結果	解決方法	驗收通過
01 施工前是否做好保護措施走道區應注意減少破壞性的搬運			
02 施工時間是否避開休息時間以免影響鄰居安寧			
03 颱風來時樓面、地面是否做好防水處理			
04 颱風時，排水孔是否保持排水順暢			
05 施工前是否做好防範步驟計畫，避免破壞消防管線造成高額賠償			
06 施工時遇到結構處是否立即停工業主與設計師均到現場勘查後決定			
07 拆除後的垃圾是否堆放公共空間，有無當天處理			
08 使用吊車的操作人員是否具專業執照注意吊車的交通動線			
09 開挖室內門窗是否先切割再拆除			
10 大面積切割時是否分成多個小塊分次切除開挖地板務必注意此程序 (載重問題)			
11 順序是否由上至下、內而外、木而土如天花板開始再到牆壁地板			
12 地面見底部分是否事先做好防水工程避免施工中滲水到樓下			
13 門窗拆除是否將原有的防水填充層清除乾淨避免影響新門窗尺寸、新防水無法完善			
14 馬桶是否最後拆除方便工作人員 (不影響清潔與排水的情形下)			
15 管道間牆面是否留意水泥或磁磚掉落掉落物可能砸破裡面管線造成損壞			

16 拆除前是否先以防塵網加以阻隔避免污染外牆甚至是鄰居的區塊

17 踢腳板拆除前釘子是否確實拔除全室一樣

18 磁磚石材類的壁面是否打到見底

19 舊壁紙有無使用過酸的水刷除（避免水泥劣質化）日後上油漆造成裂痕或沙化

20 外牆鷹架有無做好防護與防塵應符合勞安衛相關規定執行

21 外牆鷹架有無掛警告燈具

22 拆除店家招牌是否注意漏電問題（小心感電）

23 瓦斯、抽油煙機、空調等管線有無穿樑或動到結構層

24 臨時水電有無安全配置

註：驗收時於「勘驗結果」欄記錄，若未符合標準，應由業主、設計師、工班共同商確出解決方法，修改後確認沒問題於「驗收通過」欄註記。

施工前 拆除 **泥作** 水 電 空調 廚房 衛浴 木作 油漆 金屬 裝飾
▲

Chapter 03

泥作工程

裝修廚房、改建浴室、更換新門窗,或多或少都必須進行泥作工程。

台灣早期的泥作師傅(土水師傅)可以稱得上是全方位型,從砌牆、貼磚到抿石子、洗石子工程,無一不會。可是最近 20 ~ 30 年來,由於大量建築物需求大量專業師傅及人工,泥作工法被分成單一獨立項目,做模板歸做模板的,基礎與結構工程又不同,連貼磚等裝飾性的泥作工程也分為專業砌磚、專業粉光,以及各種石材工程,而土水師傅最怕的「抓漏」──防水,更是獨立出來,必須通過考試取得執照才算數。

項目	☑ 必做項目	注意事項
認識水泥	1 了解不同水泥配方的適用工程 2 溼式軟底工法,用加了清粉的水泥砂漿表面可避免水化	1 懂得計算裝修時所需要的水泥與砂的數量 2 河砂的含氯量若超過 0.2ppm,一樣不能使用
結構泥作	1 砌磚時要保持磚的滋潤度,以利與水泥結合 2 磚牆與天花板接合處要做植筋處理,避免出現裂縫	1 新增磚牆的轉角結合處磚塊之間是否有交叉結合 2 施工完畢後 72 小時內勿做其他後續工程
基礎泥作	1 水灰比越高、密合度越好、比較不會透水 2 垂直和水平,利用灰誌做基準	1 粉刷水泥前,要確認水電管線都已完工 2 水泥粉刷一定要到頂,不能讓紅磚裸露
裝飾泥作	1 石材要注意溝縫、無縫處理 2 視施工位置與需求選擇工法	1 施工前要確實溝通磁磚縫的大小,避免造成想像落差

泥作工程,常見糾紛

TOP1 師傅多叫了半車的砂說不能退,一直堆在工地,該怎麼辦。(如何避免,見 P53)

TOP2 驗收的時候發現磚牆有點傾斜,師傅說這都難免,會不會倒塌啊。(如何避免,見 P56)

TOP3 下班去工地看今天鋪的磁磚,收邊條破裂了,貼面也凹凸不平。(如何避免,見 P70)

TOP4 想要潔白的浴室,結果師傅磁磚抹縫用咖啡色的,感覺都不對了。(如何避免,見 P70)

TOP5 半夜聽到浴室有掉落聲,起來一看,才裝潢沒多久的磁磚竟然脫落!(如何避免,見 P73)

Part I

Part1 認識水泥

黃金準則：建材再貴再稀有，泥作工程沒做好也是白搭。

早知道　免後悔

傳統的泥作師傅都是跟著老闆做工程，以前多為師徒傳承，概念比較完整，但現在學個半調子就敢出來做老闆，因此挑選泥作師傅時，要特別留意口碑及師傅的經驗。近年雖然分工越細，但施工品質不見得越好，一來是承包工程者扮豬吃老虎，近年來技術斷層，師傅良莠不齊，嘴巴講得天花亂墜，但實作可能禁不起考驗；二來，由於原物料及人事成本調整，每個人都想賺一手，A 師傅請 B 師傅幫忙，可能報價時多報個 NT.1000 元，若 B 師傅再請 C 師傅助手，再多報 NT.1000 元，平白無故就得多掏 NT.2000 元出來，導致統包工程成本往上加，品質沒有跟著提升，造成糾紛越來越多。

一樣的水泥，用在基礎泥作與水泥粉刷，就會有不同的比例配方，了解各類水泥，且懂得計算裝修時所需要的水泥與砂的數量，就不怕被半調子土水師傅唬住了。

目前常用到水泥配方，大致分為清粉、水泥漿、水泥砂漿、混凝土與鋼筋混凝土（RC）等 5 類。

5 類水泥用法大不同

1 一般水泥

又稱普特蘭水泥，容易造成壁癌發生問題。

▶▶

2 早強（強化）水泥

快乾水泥，用在商業空間或結構補強。

▶▶

清粉（乾水泥粉），增加乾燥度與結合力

大部分用在壁面工程的抹壁，例如砌磚完成前需要抹壁，這時先用前一天水將紅磚澆溼潤，趁磚頭「面溼內乾」時，用乾淨的水泥粉直接撒，這樣水泥就可以立刻黏在上面。等到要抹上水泥砂漿時，由於已經有水分，上了水泥砂漿之後會與水泥粉瞬間產生結合力，可以非常牢靠。

清粉用在地面工程上，多在溼式軟底工法時使用。因為加了清粉的水泥砂漿表面可避免水化，所謂「水化」就像咖啡粉泡牛奶，

沉澱時咖啡最重會沉最底下，而在水泥砂漿上撒清粉就像在表面再撒一層咖啡粉，如此就可增加磁磚的與地面的貼合力。

只是現在大多數師傅都不這麼做了，只有少數南部師傅還有人在做傳統工法，有的是覺得多一道工多一道手續，乾脆便宜行事，有的是根本不會，其實少了這道撒清粉工法，會造成日後磁磚脫落的問題，現場監工時可留意一下師傅有沒有做撒清粉這個動作，可免日後的麻煩。

磁磚
水
水泥｜砂
砂
水泥

3 抗硫水泥

多用在溫泉區浴缸或離海比較近的房子，因水泥經鹽分反覆乾溼就容易風化，粉刷時加一點，可延緩風化侵蝕。

▶▶

4 輸氣（發泡）水泥

遇水會膨脹特性讓水泥減輕載重，用於一般頂樓防水工程墊高後減輕載重、輕隔間工程不會造成樓板單點受力。

▶▶

5 無收縮水泥

抹壁灌混凝土或做養護工法時使用，為快速工法，乾的過程不會過度收縮，牆壁不易出現裂縫，但不能添加過多，地震時容易暴裂性碎裂。

水泥漿（土膏水），主要用在地面硬底工法

可分為漿與汁，差別在濃稠度。多用於地面硬底工法，尤其是 RC 結構，紅磚牆也可以，也用在乾式軟底工法前，例如要鋪設拋光石英磚、大理石前，淋土膏是比較「搞工」的，因為乾式軟底工法用（水泥＋砂不加水），土膏可作為結構結合與磁磚結合的介質，地面像三明治夾層般：樓板→水泥漿→水泥乾砂。至於較稠的土膏多為壁面用漿，粉光用途。

水泥砂漿，多用於防水工程

指的是水泥＋砂＋水，其中水泥與砂有一定的調配比例，可以參考「中華民國建築技術規則」，例如 1:1、1:2 的比例多用在防水工程，而 1:3、1:4 的比例多用在地面工程，像車庫需要足夠承重力，就以 1:3 比例施作，而普通樓地板 1:4 就夠了。

防水工程	1：1	
	1：2	
	1：3	壁面
地面	1：4	

如何算出裝修時所需要的水泥數量

首先算出空間的長 × 寬 × 高＝總體積，再依比例算水泥與砂的數量。

舉例：30 坪空間，以 1:4 的比例來算，5 包水泥約需要 1 米立方的砂來調配。

長、寬各 10 公尺，面積為 100 平方米，約 30 坪，地板墊高 5 公分（重點在高度）

$10×10×0.05 = 5$ →體積就是 5 米立方

套入水泥 1:4 公式，5 立方 × 公式參數 5 包水泥＝ 25 包

※ 備註：計算砂的數量符合體積即可，水泥只是介質。

類似這樣先算總體積，再算出水泥砂數量的方法，即使是設計師都未必懂得，所以監工時如果先知道裝修需要多少水泥，例如明明要用 25 包，但師傅只訂了 18 包，就代表有問題了。若水泥數量在 25 ～ 30 包間是 OK 的，因為必須預留耗損。

至於砂的數量，計算總體積時，以砂的體積為主，水泥為介質，就像泡牛奶，奶粉越多越密，體積不變，5 公分是砂的高度，不是水泥的高度，水蒸發掉後砂是固定的，水泥不夠會造成孔洞過大、太稀疏，類似蛋糕加了過多膨鬆劑，那它的結合率就比較差，畢竟水泥比砂貴多了，有些不肖師傅會在此動手腳，所以學會計算對自己比較有保障。

水泥量不夠會造成結構太稀鬆，但是如果水泥夠，而砂太多的話，也會出問題。有些師傅偷懶，叫了太多砂，又不想花工夫再清運掉，就直接拌進水泥漿裡，結果一鋪地面就讓地面的基本高度多了 1 公分，別輕忽這 1 公分的落差，因為工程裡的門窗、水管、落水頭等高度都會受影響，甚至造成空間壓迫感，失之毫釐差之千里。

一般訂購砂多為袋裝，有 1 米立袋裝也有小袋裝，一般營建叫整車，用一袋一袋吊上去或單輪的手推車載運，家庭裝修最好避免叫太多，以一台車約 3 噸半來計算，1 米立方的溪砂重量約在 1.8 ～ 2.0 噸之間，所以看車次就知道叫了多少砂。另外，一個米袋裝的砂有 20 公斤裝與 30 公斤裝的，算袋量也知道訂了多少砂。砂量太多一定要徹底要求清走，不可拌入水泥以免影響門窗高度工程，因為各工班施作工程都以放樣、1 米線作為參考依據，尺寸不合影響甚大。

不過，如果水泥或砂缺一、兩包無妨，因為基礎工程高度略低可以補救，但過高很難打掉，所以寧可低一些，誤差不要超過 1 公分以上就好。

✎ 知識加油站 河砂、海砂差別在哪裡

砂分溪砂、河砂、海砂等，只要含氯質符合中華民國規定，在 0.2ppm 以下，即使是海砂都可使用。

混凝土，多用在木作與衛浴墊高

就是水泥＋砂＋水＋石頭，主要看磅數，有 2000 磅、3000 磅，主要對木作工程有影響，磅數越高越硬。現在大樓越蓋越高，以前混凝土大約使用 2000 ～ 3000 磅，有時偷工減料還不到 2000 磅，但現在還有到 4000 磅的，容易發生與鋼釘結合率的問題，因為磅數越高天花板工程如木工、輕鋼架釘子越打不進去，遇到地震會比較危險。

除了木作工程，混凝土主要用在安裝浴缸，以及浴室墊高。目前很多師傅會把拆除

的廢料直接再回填到浴室，當作墊高的基材少了添加水泥砂的拌合，但這是超級「夭壽」的做法，因為混凝土裡的石頭，專業術語叫「骨材」、「級配」，主要是以粒徑為單位，有 2 分、3 分的，與水泥＋砂＋水拌合後，可以緊密不滲水。

雖然為了減輕載重，可以使用廢料回填，但應該要使用乾淨的碎磚頭添加水泥砂的拌合，沒有寶特瓶、便當盒、飲料罐等任何雜質，水泥塊 OK，磁磚勉強，它們才可以與水泥砂漿緊密拌合，才不會滲水。一般有雜質的廢料回填多用在道路工程，經過不同的夯石，再回填碎砂石，道路有足夠的厚度可以滲水，下雨時柏油路可以透水，與室內衛浴工程要求完全不能滲水根本是兩回事！室內級配工程與水泥砂漿達到一定的拌合，才會變成堅硬混凝土，如果摻有雜質而沒有完全拌合，只要水泥砂漿出現裂縫就會漏水，現在浴室漏水到樓下的案例，70 ～ 80% 都是因為這個問題造成，但很多師傅強調正確，結果造成樓下漏水的糾紛案例多到不勝枚舉。

鋼筋混凝土（RC），多用於結構，裝修用需考慮重量

水泥＋砂＋水＋石頭＋金屬，除了骨材粒徑之外，鋼筋直徑大小也很重要，多用在夾層的樓板，一般室內裝修用得少，主要是考慮到整個重量。曾看到家庭裡以鋼筋混凝土蓋了中島廚具或浴缸，1 米立方的鋼筋混凝土約 2.54 噸，再放上流理台，至少 3 噸重，會造成單點受力，樓板容易變形。裝修工程要計算重量，它會影響結構的力學變化，不要為了空間美化造成樓上、樓下建築物後續出現變化，引發漏水或坍塌問題。

拌合的水泥沙漿。

衛浴回填不能使用雜質廢料。

水泥驗收 Ckeck List

點檢項目	勘驗結果	解決方法	驗收通過
01 確認送達水泥品牌與種類是否和估價單相符			
02 注意包裝外的保存期限，通常是 6 個月			
03 開封後檢查是否結塊，若有結塊表示水泥過乾不能用			
04 開封後 24 小時內要用完，遇水 1 個小時內要使用			

註：驗收時於「勘驗結果」欄記錄，若未符合標準，應由業主、設計師、工班共同商確出解決方法，修改後確認沒問題於「驗收通過」欄註記。

┌── Part 2 ─────────────────────

Part2 結構泥作

黃金準則：砌磚嚴禁砌在不透水性材質上，無論新、舊牆都要做植筋。

└─────────────────────────────

早知道　免後悔

你們家人口多，2 房要改成 3 房？還是想把老公寓變身小套房，1 間分隔成好幾間當包租婆包租公？類似這樣的隔間，大部分人想的都是──砌磚牆隔間。砌磚工程成為裝修工程的重點之一，屬於結構工程的磚牆其實有許多眉角，即使是老師傅也有可能疏漏。沒有經過植筋處理的磚牆，與天花板之間容易出現裂縫；而水泥＋砂的水灰比若沒有調配好，也會影響水泥與磚塊之間的結合力。

砌磚牆之前，要注意施工現場是否適合做磚牆工程，如高樓層建築物因地震容易產生裂縫，抗震性較差，就不適合砌磚牆；而在施工前最好確定尺寸，並確認有無影響到結構上承重力的問題，像有些投資客愛把老公寓改建成多個小套房出租，在這樣單一空間裡，如果全部進行砌磚工程，樓板承載重量可能無法負荷，一旦施工下去無法退貨，白花一筆錢，還影響到整體結構安全。

磚牆一般分為 4 吋磚牆與 8 吋磚牆，所謂 4 吋磚，是指 1/2B（1B＝24cm）磚，適用於室內隔間時使用，一般來說 4 吋磚的隔音以及防火效果佳，較輕綱架隔間來得好。至於 8 吋磚則是專門用於戶外牆隔間或分戶等結構隔間，具防水及載重等較強功能，8 吋磚牆重量是 4 吋磚牆的 2 倍，無論是拆除工程時整體的結構分析，或是重新砌牆的隔間，都必須把重量考慮進去。

4 吋磚牆 VS. 8 吋磚牆

1 4 吋磚牆

多使用於室內隔間，如浴室、廚房等，也可作為裝飾性的牆面，比起其他隔間牆具較佳的隔音效果。

▶▶

2 8 吋磚牆

室外牆必須做承重性的支撐，比如房子的結構牆面，或作為獨立性結構運用，比如圍牆等，最好運用在低樓層的建築，超過 2 樓以上建議用鋼筋水泥。

▶▶

👷 老師良心的建議

砌磚工程要考慮樓板承載重量，一旦施工就無法退貨，屆時白花一筆錢，還影響結構安全，得不償失。

看泥作師傅砌磚時，有幾個檢查點相當重要：

1 嚴禁砌磚在不透水性材質上，例如塑膠、PU、玻璃、磁磚等，這些材質的表面不透水，自然無法與水泥漿或磚塊緊密結合，一有地震之類的外力就可能倒塌。

2 若是磁磚地面，要切記砌在預留離磁磚5 公分處，如此才能有空門做阻絕填充型防水工程。

3 無論新牆、舊牆都要做植筋，而在新舊牆交接處可加強使用鋼絲網，因為水泥漿加鋼絲網就變成 RC，遇地震時較不易倒塌，磚頭才不會爆裂。

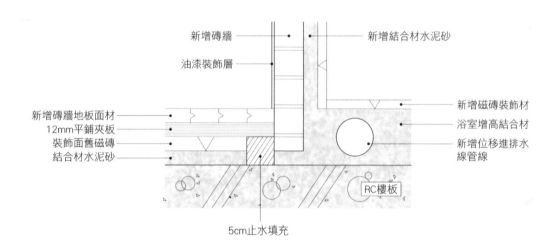

新增磚牆　　　　　　　　　新增結合材水泥砂
油漆裝飾層
新增磚牆地板面材
12mm平鋪夾板
裝飾面舊磁磚
結合材水泥砂
新增磁磚裝飾材
浴室增高結合材
新增位移進排水線管線
RC樓板
5cm止水填充

3　砌磚有高度限制

4 吋磚牆通常不超過 3 公尺高，8 吋磚牆不超過 4.2 公尺高，而且一天內砌磚的高度不可超過 120 公分，砌完後 72 小時內不能不能動，以免破壞結合力。如果不能在一天內完工，預留的磚與磚結合盡量保留階梯狀，除了受力面較大之外，接合也較好。

4　天花板需植筋

通常磚牆砌到天花板時，無法完全與空間吻合，這時一定要植筋，才能讓牆面與天花板緊密結合。

▶▶

註：磚塊到貨時，最好還是親自確認一下，不妨敲開後以肉眼觀察，看看紅磚本身材質是否有過多雜質。

4 眉樑門斗一定要留適當空間做水泥填充，若沒有做眉樑，則磚牆容易出現裂縫。眉樑一般指的是橫置在門上的水泥製品，由混凝土內置鋼筋所製成，其功能在於承載門窗上磚牆的重量，並避免裂縫造成門窗變形。

5 飽漿的動作不可省略，在磚與磚之間的間隙，要用水泥確實做好填充動作，就是「飽漿」。

一個好的泥作師傅，從放線尺寸上的堅持與用心就可看出來，磚與磚的結合通常有 L

型與 T 型兩種方式，不管以何種形狀結合，磚塊一定要一層層地交叉握合，嚴禁五、六層堆成一疊，否則容易因地震出現裂縫。好的師傅會注意磚塊的堆疊，上下左右是否對稱，對垂直、水平線的要求也很嚴謹，當然，有無填飽漿、撒清粉的動作，以及掉下來的泥沙會否適時清除，都是判斷師傅專業負責任的依據。

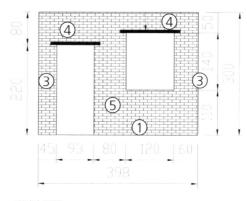

砌磚立面圖

必知！建材監工驗收要點

一般消費者可能不會直接接觸到挑紅磚的過程，多為設計公司或監工單位直接叫貨，但貨到時，最好還是親自確認一下紅磚本身材質是否有過度雜質，可敲開後以肉眼觀察是否有雜質混合其中。

■ 建材與工法施作原則

1 砌磚時要有滋潤處理

當師傅在砌磚時，要注意他有沒有做滋潤處理，讓磚頭達到一定的吸水率，以方便水泥的結合。

2 放樣要確實

放樣要確實，如一米線、垂直線以及施工位置的開口部位。

3 水灰比要適當

砌磚時要注意師傅是否調合適當的水灰比，一般來說水泥掺和沙的比例應為 1：3，若比例不對，水泥和磚的結合會比較差，而且應避免會有 過度液化的產生。如產生少數的液化垂流時，地、壁要做好清除泥渣的工作。

4 新舊牆要做植筋處理

砌磚時，新舊牆的結合處要做好植筋處理。

5 磚與磚之間是否排列整齊

水泥砌磚時要注意磚與磚之間排列是否整齊。

6 新增磚牆轉角處應做交叉結合

另外，在新增磚牆的轉角結合處，磚塊之間最好做一對一的交叉結合。

7 檢查天花板結合處是否確實

檢查天花板結合處是否作確實的水泥填充、加強。

8 門窗要做眉樑支撐

門窗有無做適當的加強支撐，例如眉樑，並盡量避免使用木製或有機材質的門窗材質，否則容易分解、腐爛。

9 注意門框與磚牆結合是否確實

裝設門框要注意垂直、水平與直角，另外也要注意與磚牆結合的方式，是否有確實加強。

10 磚牆過高時應加做磚柱支撐

砌磚時若施工達到一定的高度，要考慮是否加做磚柱，以加強支撐，以免磚牆面過大而發生倒塌意外。

11 砌磚不可一口氣砌過高

砌磚不可一口氣砌過高，如果超過 120 公分，最好分批砌；若為小型施作面積則可自行斟酌。

12 施工完 72 小時勿動，以免破壞結合力

施工完畢之後，72 小時內勿做其他後續工程，如水電配置與拆除，以免破壞水泥結合力。

13 室外牆一定要用八吋磚

如果屬於室外型一定要使用八吋磚牆，防水性與承重力都較佳，但要注意無法做剪力支撐。

結構泥作監工總整理
砌磚監工 10 大須知

1 **確認尺寸與位置**　比如門窗寬與高，空間內外的實際尺寸，避免後續修改

2 **防水工作不可省**　尤其是地面，拌合水泥漿及砌磚時的澆水動作，都有可能滲水至樓下

3 **確認鋼釘的間距**　先檢查眉樑的寬距、尺寸，兩邊須各突出 10～15 公分，如果寬為 90 公分的門，則眉樑的長度要 110～130 公分

4 **拉直門、窗線條**　門窗框立完要確認垂直、水平與直角，避免歪斜，免得門窗會關不攏或開啟不順

5 **先打水平參考線**　施工前，先在牆壁打上 1 米線（水平參考線），確認地面水平，作為門與窗的水平高度，或墊高、下壓的考慮

6 **浴室砌磚要滿縫**　浴室廁所砌磚如果溝縫沒有飽漿，裂縫會滲水造成壁癌問題

7 **砌磚要砌到頂端**　砌磚至頂接連天花板，不得填充有機物質或者放空

8 **門窗框要洗乾淨**　門窗框的上緣不能有水泥渣等雜物，必須水洗乾淨，以免油漆或貼壁紙時難收尾

9 **外牆地面要防水**　8 吋外牆的地面要做好水泥防水處理，以免因地震造成裂縫而滲水

10 **砌磚前先清地面**　地面如果是磁磚、石材或塑膠，砌磚時要盡量挖除乾淨，維持良好的結合力

砌磚工程驗收 Ckeck List

點檢項目	勘驗結果	解決方法	驗收通過
01 施工現場是否適合做磚牆工程，抗震性如何			

02 有無確定施工尺寸與位置			
03 放樣有無確實			
04 砌磚前是否做好防水工作（尤其地面）避免砌磚時的澆水會從樓板裂縫滲透			
05 砌磚前是否將舊有地面的磁磚或石材、塑膠挖除避免沒有良好結合力			
06 砌磚要做滋潤處理讓磚頭達到一定的吸水率。方便水泥結合			
07 新舊牆的結合處做好植筋處理，鋼釘注意間距與數量			
08 眉樑是否使用替代品如木材等有機物填充			
09 門窗框上緣的水泥渣等是否清理乾淨			
10 檢查眉樑寬距尺寸，兩邊各突出 10 ～ 15 公分			
11 門框立完是否確認垂直、水平與直角避免門關不攏、開啟不順			
12 裝設門框要注意垂直、水平與直角			
13 施工時是否確認地面與牆壁的水平方便門窗水平高度做墊高或下壓的考量			
14 天花板結合處有確實的水泥填充與加強			
15 磚與磚之間排列是否整齊，上下有無對稱一致			
16 地、壁若有溢漿要清除			
17 L、T 型結合有無交叉結合一層一層			
18 砌磚時注意適當的水灰比，避免液化產生			
19 砌磚施工達到一定高度，加做磚柱加強支撐避免倒塌			
20 新增磚牆的轉角結合處磚塊之間是否有交叉結合			
21 室外型要使用八吋磚牆，防水性與承重力都較佳			
22 八吋外牆地面是否做好水泥防水處理避免因地震造成裂縫而滲水			
23 施工完畢之後，72 小時內勿做其他後續工程			

註：驗收時於「勘驗結果」欄記錄，若未符合標準，應由業主、設計師、工班共同商確出解決方法，修改後確認沒問題於「驗收通過」欄註記。

Part 3

Part3 基礎泥作

黃金準則：水泥粉刷越厚越好？錯！適當的水泥粉刷結合力才比較高。

早知道 免後悔

你知道水泥粉刷的作用是什麼嗎？水泥粉刷有分為哪些步驟？以及分為哪些項目？水泥粉刷粉光的工程雖然看來大同小異，但卻可能因為施工的空間不同而在工法上有所不同，要讓壁面或地面看起來更平整亮麗，那麼最基礎的粉光工程就是你應該要注意的地方！水泥粉刷的好處，可以用作防水，並加強磚牆的物理性與結構性，同時也具有美化的作用，另外也方便其他材質結合，比如油漆、壁紙。

砌完磚牆在進行油漆或貼壁紙等壁面裝飾工程，還有一道水泥粉刷的手續，要讓壁面或地面看起來更平整、亮麗，那麼最基礎的粉光工程就很重要。水泥粉刷分為打底及粉光，打底是用 1：3 的水灰比混合水泥漿將壁面、地面抹平，如此能使磚牆物理性結構比較好；而粉光的水灰比為 1：2 或 1：1，因為水灰比越高、密合度越好，比較不會透水，適合用作油漆前底面的防水粉刷。但是如果你以為水泥粉刷越厚越好，那就大錯特錯了！因為過厚的水泥容易造成裂縫，適當的水泥粉刷結合力才比較高，重點在於水灰比要正確，粉刷的效果才會好。

水泥粉刷步驟

1
清空壁面、地面　▶▶

2
確認水電管線是否無誤　▶▶

🏗 老師良心的建議

浴室及頂樓在做水泥粉刷的同時，切記做好防水措施。

牆壁水泥砂粗底

1:3 水泥砂粗底

打底

用 1：3 的水灰比混合水泥漿將壁面、地面抹平，
能使磚牆物理性結構比較好。

粉光

水灰比為 1：2 或 1：1，水灰比越高、密合度越好，
比較不會透水，適合用作油漆前底面的防水粉刷。

3
粉刷前一天做灰誌
（距離不超過 **1.2-
1.5** 公尺）

4
門窗框垂直水平
位置確認

5
壁面、地面要先
灑水

傳統的泥作師傅會利用貼在壁面的十字線，以其垂直與水平的交叉處做「灰誌」（又

灰誌

稱麻糬），確認水泥粉刷的位置，千萬記得，在粉刷前務必確定所有地壁水電管線都已經完工無誤，不然一旦發現有錯，就必須挖掉重做。有時水泥粉刷過的牆壁看起來似乎凸起，通常是因為水泥比或者水灰比有問題，或者壁面油漆打毛沒有確實、磁磚沒有徹底去皮，致使壁面含有油性或過度平滑，造成結合力不夠，遇到地震、結構變化等原因，就會造成壁面凸起。

在較潮溼的浴室裡進行水泥粉刷，建議是用1：3的水灰比來打底後，在地壁面另用適當比例的防水劑塗抹，再做地壁的貼磚處理比較妥當。至於頂樓若沒有加蓋採光罩或做PU防水，則切記在地面做水泥粉刷工程時，要同時加強防水措施。

粉刷用的水泥砂一定要用乾淨的砂子，不可摻雜有貝殼、泥土、有機物等雜質，再挑選新鮮沒有結塊的水泥，來回乾拌2次以上再過篩，粉刷後的表面才會比較細緻；嚴禁摻雜洗衣粉或者具有酸鹼性的界面活化劑，以免水泥砂結合出問題。

切記，水泥粉刷一律要到頂，尤其浴室廁所不能見到紅磚，若水泥粉刷不完全，裡面可能會躲藏蟑螂等害蟲，後患無窮。

6 撒清粉增加結合力水泥粗底前 ▶▶ **7** 粗底粉光工程前砂過篩 ▶▶ **8** 「一粗底、一面光」別貪快→使用轉角壓條確保轉角線條平整

從砌好磚牆到牆壁抹好後，還有一項重要的程序——潑水養護，它也算是養護水泥磚牆的工法。有經驗的泥作師傅在牆壁或地面抹好、水泥表面略乾後就潑水，這是因為水泥牆壁、地面會吸水，儘管水泥外表乾了，但內部其實還有水分，等候水泥全部乾透需時 21 天，這期間如果可以天天潑水，至少潑個 3 天至 1 個禮拜，頂樓的話則是每 1～2 小時澆一遍，就有助於抑制水泥快速乾縮，避免爆裂。

水泥粉刷備忘表

案由：南京東路
屋主：劉先生　　　工程負責人吳XX　　　電話：2988-13XX

需求確認　工項　施工面	灰誌	1：3粗底	防水塗裝	1：2粉光	數量(坪)	收邊	備註
主浴內牆	☆ √	☆	☆	X X		⌐	
主浴外牆	☆	☆ √					
客浴內牆	☆	☆	√				
客浴外牆	☆	☆				⌐	
前陽台內牆		☆					角條
前陽台外牆							
後陽台內牆		☆					
後陽台外牆							
主臥隔間內牆							
主臥隔間外牆							

☆：需施工　√：已完成　X：不需施工

防水	品牌：	型號：	工法：	次數：

註：塗鏝噴刷

看懂水泥粉刷圖及備忘表

知識加油站

有的屋主也會要求用七厘石防水粉刷，又稱為「暗石子」（台語），一般用作外牆防水處理用，也可用在浴室地面、水塔或浴缸，方法是用 1：1 或 1：2 的水灰比拌合後再做粉刷。原則上要一次做完，不可分兩次，同時要預留石頭的熱脹冷縮的縫隙，避免裂縫產生。

9
▶▶　每一個陽角處都要確定做到直角

10
▶▶　檢查完畢後大清掃

基礎泥作監工總整理
水泥粉刷監工**10**大須知

1 壁面要做好灑水、洗淨的工作，作為水泥粉刷前的濕潤，再適當灑水泥粉，以增加結合力。

2 標示灰誌時，一定要用垂直水平線的交叉點，距離不超過 1.2 米。

3 灰誌材質不可使用有機質如木頭，因為有機質容易腐爛，可能會造成磁磚掉落。

4 水泥砂一定要用乾淨的砂子，不可使用摻雜有貝殼、泥土、有機物等雜質的砂子。要做好防護處理，不能隨意倒棄泥土上。

5 水泥砂要篩過，必須來回乾拌 2 次以上，以維持均勻。

6 要確實做好「一粗底、一面光」方便油漆，粗底完成後，等隔天快乾時才粉光，不可以貪快一次做完。

7 水泥粉刷一律要到頂，尤其浴室廁所不能見到紅磚，若水泥粉刷不完全則裡面將會躲藏害蟲。

8 門窗臨時固定物如木頭、報紙等，記得要拆除，如無做到，將來會有漏水問題發生。

9 水泥粉刷時，每一個陽角處都要確定做到直角垂直，可使用轉角壓條避免出現彎曲的現象，其目的在於防止貼壁紙或磁磚時，產生貼歪的情況。

10 鋁門框要用 1：2 的水灰比加上防水劑，確實做飽滿。室外要做斜邊洩水，內部則要做直角收邊。

🖊 知 識 加 油 站

在水泥粉刷層未完全乾前為面已乾內為潮濕的過渡期，每平方公尺水泥面要承受 2 萬 8000 焦耳的水壓力，如過溫度升高時如太陽直射室溫達 38 度以上的話，水會往外冒造成表面裂縫，早晚澆水就可抑制水發熱時間。但現在幾乎沒有泥作師傅會花這麼長的時間為屋主養護水泥牆面、地面，屋主不妨自力救濟一下做好養護工程。

水泥粉刷工程驗收 **Ckeck List**

點檢項目	勘驗結果	解決方法	驗收通過
01 確認所有水電管線位置、孔徑是否完工			
02 確認門窗框有無造成垂直或水平移位			
03 水泥粉刷前，壁面要先做好灑水、洗淨工作再適當灑水泥粉增加結合力			
04 灰誌在垂直水平線的交叉點、距離不超 1.2 米或 1.5 米，不可使用有機質如木料易腐爛			
05 確認水泥砂是否為乾淨的砂子（無摻雜貝殼、泥土等）應做好防護處理，無垃圾及雜物			
06 確認送達的水泥品牌、型號是否和估價單相符			
07 水泥是否新鮮無結塊現象			
08 水泥砂是否來回乾拌兩次以上維持均勻			
09 水泥砂篩過且無摻入洗衣粉等酸鹼活化劑會使水泥砂的結合出問題			
10 檢查是否做到「一粗底、一面粉光」			
11 粗底完成後隔天才粉光			
12 水泥粉刷要到頂，尤其浴廁不能見到紅磚，粉刷不完全會躲藏蟲害			
13 七厘石要一次做完，不能分兩次施工			
14 鋁門框要用 1：2 的水灰比加防水劑做飽滿填充			
15 室外要做斜邊洩水，確認內部是否直角收邊			
16 門窗臨時固定的木頭或報紙要拆除，避免將來發生漏水			
17 水泥粉刷的每個陽角處是否直角垂直（可用轉角壓條）避免彎曲，防止壁紙或磁磚施工貼歪			
18 進行混凝土工程前，地面是否做好清除工作			
19 墊高工程是否有廢棄物且不能過厚避免載重過大造成地板裂縫			
20 較大磁磚使用乾式軟底工法水灰比是否確實要求如水泥比過少地面會沙化或地磚凸起			
21 溼式軟底鋪磚前是否加上水泥粉做加強提升黏著力且避免水化			
22 攪拌水泥有無直接在地面進行避免沾到雜質			
23 粉刷後確認地壁接合處、門窗上緣有無完成清理工作			

註：驗收時於「勘驗結果」欄記錄，若未符合標準，應由業主、設計師、工班共同商確出解決方法，修改後確認沒問題於「驗收通過」欄註記。

Part 4

Part4 裝飾泥作

黃金準則：無論切割石材或磁磚，切割處一定要貼在陰角才安全。

早知道 免後悔

1 億多元的豪宅，只是因為在貼石材時的裝飾泥作工程沒有做好，造成壁面漏水問題嚴重，除了室內 **2** 千萬元裝潢報銷外，還必須把貼在房子外面的花崗石全部拆掉重做，心好痛呀！這個是實際案例，別以為水泥粉刷後貼上磁磚或石材工程簡單多了，相反的，石材及磁磚由於材料所費不貲，監工時更要注意細節，以免花了大錢卻敗在細部工程。

磁磚是土製火燒的物品，因溫度與配方不同，產生不同陶質、瓷質、石質等種類的使用磚，由於有不同的尺寸、花樣，甚至透過高科技做出金銀色或是仿石材、仿壁紙等的種類，雖然價位稍高仍然相當受歡迎。依磁磚材質大致分為 2 類：一是透心石英磚，一是不透心磚，大多數家庭使用的拋光石英磚，屬於透心石英質較多。

至於石材，則分為大理石、花崗石、晶石、化石以及人造石，是大自然形成的產品，物以稀為貴，越特殊的石材價位偏高。一般來說，大理石及人造石較常見於地材使用；花崗石、晶石或化石等，多半應用在壁面的局部裝飾使用較多。雖然種類繁多，但在地面及壁面施工上有不同工法。

快速認識 7 大類裝飾材

a 透心石英磚

以單一材質，一開始就與色料混合好，固定加入石英、雲母類或複合其他材質，整片磚配方從一而終，一次經過混料、壓製、燒結與加工完成，像是馬賽克、拋光磚。

b 不透心磚

表面為施釉型的磁磚，可再做一次加工或二次下料，也可經過施釉、上釉的著色處理，像磁磚及石英磚等。

老師良心的建議

石材結合沒做好，千萬豪宅裝潢付水流，不要買了貴森森的材料，卻敗在細部工程上。

---

2 種常見貼磚及貼石材工法

硬底工法

多數適用於地壁面，以 1：3 水灰比水泥粉刷打底，待底面乾了後再貼磁磚以及細石材（洗石子），也適用於小片磁磚如馬賽克。

軟底工法，又分成乾式與溼式 2 種

1 乾式軟底工法：又稱為鬆底工法，使用於地面工程居多，多用在客廳、臥房，以乾拌水泥砂混合，再依水平高度把大面積的磁磚如 60×60 以上或較重石材做適當的鋪設。

水泥砂要混合均勻，並乾拌至少 2 次 → 測出地面水平與高度確認 → 依適當的水 → 泥砂量放置地面或刮平 → 灑上白水泥漿 → 試鋪磁磚 → 水平再確認 → 調整磚縫，並均勻壓貼 → 其他同溼式軟底工法後續處理方式

2 溼式軟底工法：採水泥砂以 1：3 或 1：4 加水拌合，均勻地澆鋪在地面空間，再將石材或一般尺寸（30×30 ～ 50×50 公分）的磁磚鋪設在地面。要注意的是，過大或過小的磁磚或石材，不適合使用此項工法。

地面雜質需先清除 → 配管要完成 → 管線下面記得要做好防水工作 → 水灰比的比例一定要正確 → 多做一層水泥漿地 → 排水孔要先做塞孔 → 注意排水的坡度 → 水泥砂漿要均勻鋪設於地面 → 施工前最好再多灑一層水泥粉 → 注意高度並以磁磚圖配貼 → 磁磚表面要乾淨 →隔天抹縫要及時 → 完工後的保護別忘記

---

c 花崗石

運用在壁面、地面，甚至於結構體上，比如羅馬柱、圍牆、基座等。

d 大理石

運用在地面或壁面、檯面等。

e 晶石類

多用在高檔的餐桌或者透光性的壁牆，也可用在壁面修飾造型。

f 化石類

可用在裝飾、擺飾，少數用在地面或壁面上。

g 人造石

多用於廚面或檯面，也有用於地面或門檻。

磁磚施工法

　　磁磚工法第一要先選「縫」，「縫」分細縫、滿縫、無縫，其中，無縫是用在石材工法，若要求做到滿縫 3mm 以下，必須選擇修邊磚。另一個須注意的是陽角與陰角，陽角是直角外角會割人，若是磁磚切割處，就一定要貼在陰角比較安全；同時儘量用透心磁磚切割，不要用到表面施釉的磚，因為透心是土質，而表面施釉的陶質紅色的磚上面是白色釉，會露餡。至於收邊加工也建議採用透心磁磚，不然就是用轉角條。最好事先在磁磚計畫圖面上標出陽角、陰角切割面，再把要用的磁磚尺寸等標明（加上分類，注意重點），比較不容易出錯。

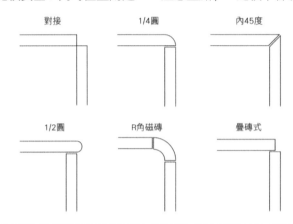

> **細縫**：磁磚與磁磚間的縫隙大小約 3mm～1cm 之間，可增加磁磚的片與片結合度，並獲得修飾的效果。
>
> **滿縫**：磁磚間的縫隙 3mm 以下，可讓磁磚看來相當有質感。
>
> **無縫**：屬於石材美容工法之一，將石材的結合面做切割後，再填上適當的同色填充劑，並經過一定的拋光處理，少用於磁磚。
>
> **修邊磚**：一片片的磚像紅豆餅用機器壓模，一壓旁邊就有類似裙子的邊邊，修邊磚就是把這些多出來的邊修掉

石材施工法

　　至於貼石材工程，除了要有計畫表與計畫圖外，重要的是要打板。在確定石材的種類、顏色後，尺寸計算必須特別小心。石材以才數計算，由於牽涉到紋路、耗料、對花等問題，往往會產生糾紛，所以事前的確認相當重要。一般來說，大面積的裝修比較會用到整塊原石，這時必須注意紋路、耗料、對花、結合點的問題，而且通常採用無縫工法，必要時還可以加工，例如切溝達到止滑效果。

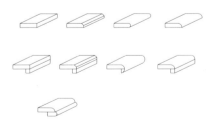

石材倒角樣式圖

打板	又稱原型板，一般用於石材檯面，或特殊形狀尺寸的定規，例如洗臉檯，會有洗臉盆、龍頭的孔位、孔距、孔徑、孔數等，可委請木工依圖來做切割版面的處理

石材工法裡最重要的是一定要做好結合方式，這個涉及結構力問題，還有埋入材質與石材的結合方式、種類及數量，在一開始就要說明，尤其是石材與石材之間的結合阻水材質，以及阻水性耐候性非常重要。有些豪宅是 RC 結構已經磅數過高，要釘入鋼釘有困難，但又愛用花崗石裝飾，沒有妥善施工，造成結合力、埋入度不夠。曾有個豪宅因為在石材與石材中間僅用矽力康黏合，結果外牆漏水嚴重，老化龜裂，數千萬元裝潢只能拆掉重來。

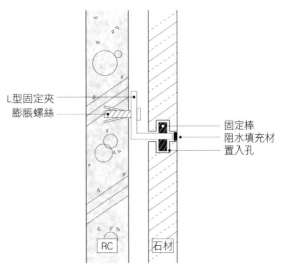

磁磚、石材加工 10 招

工法	用途及建議	適用材質
切割	慎選專業石材加工廠，切割錯就報銷了，切割時要留意「對花」	石材、磁磚、玻璃
倒角	美觀之餘，可加強接觸面的舒適度，角越複雜成本越高	磁磚、玻璃、石材、木頭
光邊	倒角完，光邊增加光澤度、細膩度	磁磚、玻璃、石頭
水磨	石材表面再次水磨，作用類似打蠟，增加光澤度	石頭
取孔	主要為了機械性、機能性或造型上的需求，注意 4 孔原理	各式建材
切溝	為了美觀也為了止滑、防滑，通常會埋不鏽鋼條、螢光條，切溝完仍需要光邊或水磨	石頭、磁磚、玻璃
噴砂	局部或全面性增加粗糙面，用在美觀止滑特性，注意防護考慮	石頭、磁磚、金屬、玻璃、木頭
岩燒	花崗石適用，磁磚、大理石不適用，利用火燒產生粗糙面，美觀止滑性，若經常性接觸水要做好防護	石頭
鑲嵌	磁磚或大理石如樓梯踏板切溝完後鑲嵌螢光條或馬賽克，屬於美化工程，須注意結合力及維修性方便	各式建材
水刀	雕刻造型，留意圖案版權及後續維修，資料電腦存檔較保險	石材、磁磚、玻璃、木頭

備註：不會只用一種工法，而是多種工法互相配合

細石材施工法

　　除了磁磚與石材，有些消費者也偏愛細石材，包括：洗石子、抿石子、暗石子、斬石子、磨石子等，不同的細石材工法會產生不同的表面，在同一面牆壁可以混合各種工法，也可以用不同顏色呈現，最好事先準備細石材有計畫圖與計畫書，慎選材質後再施作。值得注意的是，細石材除了材質粒徑顏色搭配牽涉到設計師的功力外，施工最重要的是雨切工法，就像人臉上的眉毛與睫毛作

用，防止水流直接渲洩而下，透過雨切式設計，避免水直接滲透，影響材質變化，所以排水度很重要。

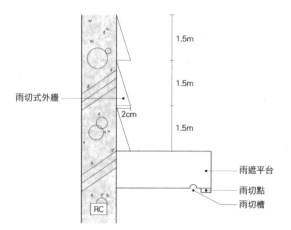

知 識 加 油 站　石材保養 4 撇步

1　石材美容要注意溝縫、無縫處理，也可表面做全面性拋光處理。

2　清潔時避免酸性侵蝕。

3　平常要做石蠟或打蠟處理，最好使用具有脂肪性的蠟。

4　避免重力性的單面撞擊，以免石材斷裂。

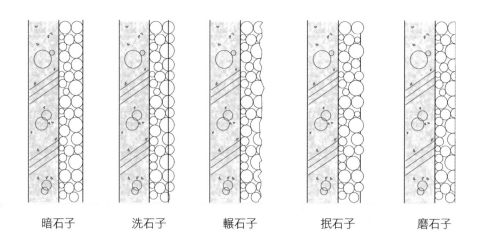

暗石子　　　　洗石子　　　　輾石子　　　　抿石子　　　　磨石子

必知！建材監工驗收要點

磁磚與石材的加工，種類繁多，包括切割、倒角、光邊⋯⋯等，在貼磁磚前須慎選磁磚，確定品牌、型號、材質、尺寸、縫，以及收邊加工方式，由於磁磚的尺寸與工法息息相關，壁面大面積的，90% 採取濕式硬底工法，而地磚要考慮排水系數，所以最好事先擬定磁磚計畫。

一、復古磚

復古磚利用復古式色澤，斑點、復古色花草，或者有凹凸面等，以新舊對比的感覺呈現出所謂復古的紋樣。可運用在室內外，像是室外的外壁牆、主題式牆面等等，也可用在室內的桌子、櫥具檯面，甚至地面及壁面可使用。復古磚價格雖不似拋光石英磚來得高，但選購時仍需注意成本考量。一般來說進口復古磚價格較高，相較之下如台灣尺二磚的 價格就較為便宜，但要注意施工法。

■ 建材與工法施作原則

1 底材夾板品質應挑選較佳

若要貼在木頭上，其木頭的背面一定要堅硬，不得有鬆軟的情況產生，材料本身要做抗潮性處理，底材夾板的品質要注意選擇較好的。

2 凹凸表面要選擇施釉型

若復古磚需要選擇凹凸面的裝飾搭配，則表面最 好要選擇施釉型的，比較耐髒。

3 地板復古磚的施釉面厚度要夠

復古磚運用在地材時，施釉面要達到一定厚度，比較不容易有磨損的痕跡出現。

4 有破損即要更換

現場驗貨時，若有破損即要廠商即時更換。

■ 監工與驗收重點

1 復古磚需依使用用途慎選

室外磚與室內磚、地壁磚的使用用途要特別注意，勿顛倒使用。

2 考量環境溫差變化加強施工

一般復古磚又可分為透心類、不透心類的陶質類材質，由於吸水率較高，所以要考慮到環境溫差 的變化，避免因施工貼著不實而產生整片剝落的情況。

3 慎選貼著劑

復古磚的運用如貼在玻璃、金屬等結合力較差的材質，那麼就要慎選貼著劑。如貼附在木頭上面時，選擇用白膠＋石膏，或者

AB 膠等貼著劑，貼著劑要確實密合。

4 收邊切割要注意尺寸免刮傷

使用復古磚，收邊切割要注意尺寸，避免有切割面以免刮傷或破壞磚的整體紋路。

5 完工後預留磁磚方便修補

如果有固定圖騰花樣，記得要預存一些磁磚，以免因人為環境破壞，才有預備的材料可以更換修補，以免造成圖樣上的差異。

6 釘子切勿直釘磁磚上

避免釘子直接釘在磁磚表面上，容易所產生的裂縫。

7 可用白色水泥填縫

復古磚鋪在室內，如玄關或壁面時，可使用白色水泥將填縫刷白，也可加上透明固化劑來保護，使得復古磚跳出效果。如果不想那麼明顯，可調「乳白」一些，降低色差，但不建議用灰色！

8 透明固化劑要刷薄

使用透明固化劑時要注意，刷得太厚、太多時，將來很快就會變黃，要盡量刷薄。

二、拋光石英磚

拋光石英磚屬於透心石英質較多。基材為堅硬、適合修邊、拋面處理，大部分都以仿石材的感覺為主，所以其細縫處理特別重要（隙縫、無縫與滿縫處理請參考），表面也都會做一層打蠟與封孔防護處理。拋光石英磚有表面不施釉與施釉面，釉面是為了做

印刷著色處理，以呈現出不同 的風格，比如布紋、金屬、仿石紋等表面。現在也流行半拋、全拋或不拋的石英磚，在表面質地的表現上有不同感覺，但固定的特性都為有修邊處理。使用在地板及壁面較多，也可使用在洗臉檯、樓梯踏板或者戶外的外牆等地方。

■ 建材與驗收標準

1 確定材質需求

注意材質為透心式或不透心式材質，會有價差與耐用的差異。

2 計算建材面積及施工成本

拋光石英磚面積越大，施工成本相對較高，要仔細考慮預算。

3 進口產品應注意事後維修問題

如選購進口產品，要注意何時到貨、是否缺貨以及事後維修的問題。

4 驗貨時再確認尺寸及樣式是否符合

產品送到現場時，品檢要注意，確認尺寸大小，尤其大尺寸的容易有翹曲、變形等問題，在使用 時就要做選擇與運用，搬運時要小心會產生碰損與刮痕。

■ 監工與驗收注意事項

1 表面防護要徹底免吃色

如屬於透心材質，基本上要注意到表面滲透與吃色的問題，表面防護有沒有徹底，透水性如何要 先了解清楚。

2 檢視磁磚與壁面的結合力

使用在壁面時要特別注意結合力是否牢固,可用手敲看看或撥弄看看,若聲音不實,或有浮動現 象即要馬上處理,以避免剝落情況產生。

3 水泥打底要平整

水泥粉刷打底的工程,要先從底層的平整度開始 如灰誌處理,避免貼著時的翹曲。

4 檢視地磚與門及樓梯有無高低差

在施作地面工程,水泥底材施工完成面的高度,與門、與樓梯有無高低差的情形要注意,避免事 後更改門與樓梯台階的高度。

5 樓梯踏板要注意支撐力

如使用於樓梯踏板,其底部支撐力是否可以,尤 其做在鋼構樓梯的踏板要特別注意底材支撐力、 承重力夠不夠,避免事後的剝落、斷裂破損。

6 浴室要有排水坡度防積水

如果使用有排水設計的空間比如浴室,要注意到 排水坡度,以免發生積水情況。

7 檢視轉角收邊是否確實

使用時要注意轉角收邊施工是否確實。

8 鑽洞應小心處理防爆裂

如果要在拋光石英磚上進行其他工程,比如鑽 洞、釘木地板、櫃子與隔間時,要叮嚀施工人員 務必小心,避免造成地面單片面積的破壞爆裂的 情況發生。

9 地磚施工時應鋪上空心瓦楞板

地面磚施工完畢後要確實做好防護工程,如鋪上空心瓦楞板、P 板或其他具保護功能或不透水材質,避免後續工程有水、其他液體類侵入或重物 撞擊而產生的表面破壞。

10 紋路方向是否一致

使用時有花樣紋路,要注意到紋樣的方向是否一 致,避免造成視覺上的不美觀。

三、馬賽克

一般尺寸在 2～8 公分以下的都可稱為馬賽克磁磚,其種類相當多樣,大致分為 以上三種。適用於天花板、地面建材,甚至壁面拼花。

1 玻璃馬賽克

使用玻璃元素經過尺寸的縮小,在賦予原來的玻璃顏色,或者二次噴漆加工,或是表面塗裝處理製作而成,其特性為較為明亮透光。

2 陶瓷類馬賽克

經過固定尺寸單板壓製,本身底材大部分為磁質,表面施釉則為施釉馬賽克。

3 透心馬賽克

大多為石英材質,施釉馬賽克為不透心磚,本身底層屬於石質,表面則磁質經過多彩施釉處理,表面材與基材色澤不同。

4 加工馬賽克

　　經過裁切加工過的磁磚，大部分屬於透心質比較多，比如拋光石英磚，或者石 材、拼花式的磁磚腰帶等等，都屬此類。 其實馬賽克適用在任何地方，像是天花板、地面建材，甚至壁面拼花等等，由於馬賽克色彩鮮豔，面積小，變化多，因此在收邊轉角、單一面積修飾、主題性空間牆面等，都可以拼湊出任何花樣點綴出創意空間。

■ 建材與驗收標準

1 數量要確認，以免無法退貨

　　廠商有出廠不退貨的要求，選購前要特別注意數量，一般來說，馬賽克磚的單位以才計算，所以一開始要確定好。

2 有掉片情況要換貨

　　材料送來時要注意掉片情況是否嚴重，有的話表示網材已經受潮或者老舊，貼附時會產生難以校正的情況與耗工，馬上換貨。

■ 監工與驗收注意事項

1 適用硬底工法

　　工法要慎選，一般來說都使用硬底工法比較多。

2 清點數量防浪費材料

　　馬賽克到貨時應清點清楚數量，以防施工單位隨意浪費材料。

3 儘量避免裁切情況發生

　　注意施工時圖面的放樣尺寸，避免需要裁切的情況發生，因為現場裁切會有困難與耗工。

4 施工應要放線處理

　　施工時注意放線處理，否則會影響外觀與整個圖面造型，如有圖樣式的馬賽克牆面。

5 檢視磁磚表面是否高低不平

　　施壓受力不同時，容易會產生磁磚表面高低不平均的情況產生，施工時要注意。

6 多色整合時應對圖施工

　　如果屬於多色整合的馬賽克，最好參考圖片，確定樣式、位置高低與比例無誤。

7 勾縫填充及防水應做好

　　浴室使用馬賽克，壁面防水要做好，勾縫的填充材如沒有做好，滲水到內材與牆面，會致使壁癌面與滲水產生。

四、石英磚與磁磚

　　石英磚與磁磚屬於不透心磚，表面為磁質施釉類較多，表面經過印刷、上色、施釉等處理，一般分為滾輪式印刷磁磚及網版式印刷磁磚。多運用在地面及壁面。

1 滾輪式印刷磁磚

　　指的是利用印刷原理，將圖樣轉印在磁磚表面，有屬於對花式與不對 花式兩種，會呈現出自然紋路與花樣。

2 網版式印刷磁磚

　　指表面可以 看到明顯的細網狀，一般都屬於平價位的磁磚，也可以用作於二次下料再窯燒，經玻璃、銀粉、銅粉等處理做出立

體紋路，比方 腰帶與花磚。這類磁磚多運用在地面及壁面處理，目前設計方式多樣化，可結合不同設計巧思展現個人風格空間。

■ 建材與驗收標準

1 檢視印刷紋路是否一致

注意印刷紋路是否一致、有無色差，而且因品質 及尺寸不同，造成價差不一，可多方比較。

2 地材不可當壁材使用

地壁材要確實分明，不要混合交叉空間使用。因此使用前要注意材質說明，使用在壁面的磁磚較輕，地面則比較紮實。就價錢而言，地磚貴於壁磚，質地較紮實。

3 眼見為憑，不可用目錄選購

施釉的程度不同，光澤會有所差異，要實際觀察，勿透過目錄選購。

4 驗貨時做滴水滲透檢驗

避免黑心貨的驗貨時，應整片敲敲看、刮刮看表面，用手感受實際重量是否紮實，滴水檢驗滲透性、是否會過度滲水。

5 若有色差應退貨

開箱驗貨時，要注意是否有明顯的色差，以免色澤不一致。若有要退換貨。

6 開箱驗貨時注意尺寸差距勿大

燒結過程會因為收縮情況造成尺寸上的變化，所以在收料驗貨時，要確定所有的尺寸不要有過大的差距。

7 點貨時數量要對

使用時，不管是以坪計、或者以片數計，要注意到其數量是否正確且耗損的部分是否有預估到，尤其有些磁磚可退、有些不可退，在採購時要注意可否退貨，以免造成浪費。

8 就材料與廠商確定適當工法再訂貨

選擇前先與廠商、設計師與工班確定適當的工法，如乾式、溼式、硬底、軟底工法等。

9 請廠商提除鐵證明及保固

如為進口磁磚要注意廠商是否提供產地出處，製程是否經過除鐵處理，廠商也要選擇具有信譽，縱使為特價品也要提供保固。若無除鐵處理易有釉裂情況 鐵需要到 1700 度以上才會融解，所以在磁磚的燒製過程中若無經過除鐵處理，會產生釉裂或是斑點的情況。

■ 監工與驗收注意事項

1 做滿縫時應選擇有修邊磁磚

使用時要注意磁磚有修邊磚與不修邊磚之分，如需做滿縫或細縫，要選擇有修邊處理的磁磚較佳。

2 確認收邊及工法

要確認收邊方式與工法，收邊有陽角、凸角之分，還有材質之分，如 PVC、倒角、磁磚、石材等。

3 檢視圖樣是否與設計圖相同

確實討論圖面說明，使用前要先經過確定，比方要直貼、橫貼，腰帶與花磚的高低位置以及貼附的方式等，以避免貼完之後還要作拆除修飾與處理。

五、石材

石材種類多樣，大理石、花崗石、洞石等等，顏色花紋依原石生成而定，變化多，同時價格的高低差距也大，原則上物以稀為貴。首先確定預算成本，依個人喜歡的顏色與花樣，在成本範圍之內來做選擇。

■ 建材與驗收標準

1 確認預算再考慮材質及花色

建議最好先確認預算後，再考慮花色，避免挑選之後才發現預算不足的情況。

2 找可靠供應商採購以免受騙

如屬於大面積地面，要找誠實可靠的加工廠商 或供應商，較不會有受騙情況發生。

3 選石材要眼見為憑

挑選石材最好眼見為憑，建議還是親自走一趟，到工廠內挑選材料較為保險，否則只憑目錄或樣品挑選石材，很有可能送來的實品與選擇的或想像中有出入，退貨時會非常麻煩。

4 最好使用同一塊石材

如果地板與牆壁採用全鋪式，色澤與紋路上盡量要一致，在考量美觀的情況下，最好材料都是來自於同一塊原石效果最佳。

5 確認圖樣與貨源花色大小相同

如有圖樣設計，可與設計師或廠商可多次討論圖形，以確認圖樣在空間中實際呈現的位置，以免有所偏移或不對稱等缺失。到

貨時一定要親眼看到其花色、大小是否與設計師討論的相同。

6 確認加工時間及付款流程

確認加工時間以及付款的流程，並確認施工品質等問題的責任歸屬，以免事後發生無謂的糾紛。

7 避免選到有蛀洞的石材

選擇時要注意表面是否有過大的晶洞或蛀洞，要盡量避免選到此種石材。

8 確認估價時有含其他加工成本

石材估價時，注意有無其他加工比如收邊、導角、挖孔以及加厚等成本。

9 原石剖片要編號施作

原石剖片之後都會有編號，嚴禁抽片，否則會造成紋路無法連接的情況。

■ 監工與驗收注意事項

1 搬運石材要小心

石材到現場的搬運過程要小心謹慎，不能有任何破損，否則即使事後修補，都難以作出原有花紋一致性的感覺。

2 考量桌腳與壁面的承受力

如果要製作大面積的餐桌或是櫃面，使用時要考慮桌腳與壁面的承受力是否足夠。

3 打板前配件預留位置需確定

以在浴室選用石材檯面為例，打板前相

關衛浴配件，如臉盆、水龍頭、開關插座等等，事先要做好規劃與確認，以方便確認配件孔徑、位置、距離，以及倒角水磨的加工面，如果事後再修改將會造成成本上升。

4 加厚要用同一塊石材並注意高度

如果要做加厚的處理，記住一定要使用同一塊石材，才能使紋路有一致性，另外在加厚時要注意是否和門板高度相符合。

5 石材結合要做防水收縫

在加厚處理、兩片石材結合時，片與片之間的平整度要特別注意，同時也要記得作具有防水性的收縫處理。

6 臉盆檯面支撐力要夠

下嵌式臉盆要注意檯面的支撐力要足夠，同時倒角水磨與防水的工作也都要做好。

7 施工後要做好保護

施工完畢之後，石材要做一定程度的保護，3 到 5 天之內嚴禁在上面放置重物、踩踏或是使用酸鹼溶劑，以免造成損傷變形。

8 門檻處要做好防水

在門檻處要預先做好防水處理與貼合，避免水從縫裡面滲出。

9 壁面大理石工法要注意支撐力

放置壁面大理石時要注意自載重問題，需要先確認掛載的工法是否足夠支撐。

10 填縫時要注意防水

填縫時地板與壁面都要注意防水性是否足夠，打矽利康要注意貼條以及美觀與否。

裝飾泥作監工總整理
磁磚監工 7 大須知

1 磁磚到貨，拆箱後立放	嚴禁堆放公共通道，拆箱後嚴禁平放，以免釉面刮傷，如需做記號避免使用油性筆
2 確認施工圖與現場尺寸	磁磚圖及現場尺寸做最後確認，若有誤差盡速修正
3 仔細檢查牆壁打底平整	確定所有牆壁打底粉刷面的垂直與直角，否則將出現大小片或貼斜的情況。
4 無論地壁面放線要準確	地壁面放線一定要精準，貼磚時，要讓地面與壁
5 比對檢查磁磚避免翹曲	面的線對稱，也防止磁磚貼完後高低不同
6 再三確認貼著材的比例	鋪貼磁磚要慎選沒有翹曲的磁磚，可拿兩片磚
7 切割角面勿暴露於陽角的比例	材以面對面的方式看出有無翹曲的情況

石材監工**10**大須知

1 要親眼驗收石材	務必確定紋路、厚度與質感
2 注意對花結合點	大理石、晶石類等具紋路產品，須格外注意紋路
3 搬運小心防斷裂	大理石、晶石、化石等材質屬於水成型的材質，一般石材背面貼附纖維網防止搬運斷裂
4 要做好封孔防護	沒有防護則容易出現表面滲透性的髒污，事後清潔不易
5 岩燒前確定面積	花崗石可用乙炔做燒面處理，大理石與晶石類不適合
6 壁面確認結合力	無論採用貼著式或五金，結合壁面施工時，要確實注意到結合力是否確實，以防脫落
7 預留縫做好防水	外牆要預留適當的伸縮縫並做好防水填充
8 削片要避免過薄	燈牆石材多半削片處理，若過薄容易因碰觸、撞擊而造成爆裂情況
9 石材完工先防護	石材完工後，先做好表面保護措施，以防木工或泥作工程造成表面與溝縫的污損
10 須做好防水處理	注意溝縫是否產生滲水，預防石材剝離

磁磚工程驗收 Ckeck List

點檢項目	勘驗結果	解決方法	驗收通過
01 確認所有牆壁打底粉刷面有無水平與垂直避免出現大小片或傾斜			
02 磁磚圖與現場尺寸是否確實做好最後確認避免比例切割錯誤			
03 確認貼著材比例是否正確，有無剝落情況考量尺寸及使用年限、氣候環境等			
04 地壁面放線是否精準，使貼磚後地壁面的線對稱，可防止貼磚前後高低不同			
05 進貨時是否送進工地以免造成公共通道堵塞或遺失毀損			
06 拆箱後有無立放，避免釉面刮傷			
07 鋪貼時有無確實慎選無翹曲的磁磚可拿兩片面對面比對			
08 切割面是否暴露於外角，避免釉面造成人員割傷			
09 地面排水孔或開關處，需使用完整無拼湊的磁磚，兼顧美觀也較安全			
10 溝縫、抹縫在貼磚後的隔天進行，使溝縫材質與牆面確實結合			
11 注意 PVC 角條、收邊條、磁磚厚度，避免高低差的觸感			
12 角條顏色有無注意和磁磚顏色融合			
13 任何開口做壓條收邊時，邊框是否以 45 度切角為準不得有過度離縫、搭接或破損			
14 確認地面磁磚與排水坡度的關係，避免積水發生			
15 同一空間地面以不同材質混用時有無先做施工計畫			
16 貼磚前是否檢查銜接工程是否就位（水電、配管等）			
17 貼磚前有無確實做好防水處理			
18 做記號避免使用油性筆以免材質污損			

註：驗收時可在結果欄記錄，若未符合標準，應由業主、設計師、工班共同商確出解決方法。

貼壁磚 點檢項目	勘驗結果	解決方法	驗收通過
01 貼磚前有無先確定天花板高度因會置放蒸氣機、多功能抽風機			
02 地壁面放線磁磚是否同尺寸對線			
03 貼著材是否均勻抹在牆壁與磁磚上			
04 確認貼磚方向是否由中間線與水平線處開始，避免因每位師傅貼磚習慣而有所不同			
05 貼磚是否注意其水平、直角			
06 確認貼磚時是否均勻壓貼，片與片之間須平整			
07 收邊條處是否注意磁磚與收邊條的高低點及平整度			
08 貼磚後有無做最後確認（含色澤平整、花紋方向）			
09 抹縫是否於貼磚後隔天進行			
10 抹縫劑可自行選購但是否依標示比例調配注意厚度均勻，調色要以無機質染劑			
11 記得把磁磚表面的水泥擦拭掉			

外牆磁磚 點檢項目	勘驗結果	解決方法	驗收通過
01 搭鷹架是否使用防塵網避免灰塵四處飛散			
02 搭設鷹架是否避免感電事故避免人車撞擊			
03 搭鷹架後有無作適當警示			
04 是否確實按照施工圖及施工規範鋪貼			

05 施工前確認防水是否完成

06 施工前有無把泥渣作適當清除

07 施工時須依勞工安全衛生相關規定做好安全措施（安全帽、扣環等防護具）

08 窗框邊的收邊轉角是否依施工圖收尾

09 溝縫前是否確定顏色再施工

10 溝縫間的距離、形狀有無依照施工圖面施作

註：驗收時可在結果欄記錄，若未符合標準，應由業主、設計師、工班共同商確出解決方法。

貼地磚─乾式軟底 點檢項目	勘驗結果	解決方法	驗收通過
01 水泥砂是否確實混合均勻並乾拌兩次以上			
02 有無量測地面水平與高度			
03 有無使用地面灰誌測出片與片間的水平			
04 是否以適當水泥砂量放至地面並刮平			
05 有無確實灑上白水泥漿			
06 是否試鋪磁磚並確認背面有無接面再做適當的水泥填補			
07 有無調整磚縫並均勻壓貼			
08 磁磚表面的泥沙或污漬是否清除乾淨			
09 完工後是否置放重物以及踩踏			

註：驗收時可在結果欄記錄，若未符合標準，應由業主、設計師、工班共同商確出解決方法。

貼地磚—溼式軟底 點檢項目	勘驗結果	解決方法	驗收通過
01 地面雜質是否確實清除（如垃圾、菸頭等）			
02 有配管之處確認是否完成			
03 管線下面有無做好防水工作避免局部疏失造成漏水			
04 是否多做一層水泥漿地以增加貼著力			
05 排水孔是否先做塞孔避免水管阻塞			
06 有無注意排水坡度（可看表面水的流向，再做調整）			
07 水泥砂漿是否均勻鋪設於地面			
08 施工前有無多灑一層水泥粉避免水泥漿久置而水化，禁止出現水化時貼磚			
09 地磚片與片間確認是否為同一高度			
10 磁磚表面的泥沙或污漬是否清除乾淨			
11 貼磚後隔天是否再依需要的顏色做抹縫處理			
12 水灰比例確認是否正確			
13 完工後是否置放重物以及踩踏，48 小時內不宜置放重物			

註：驗收時可在結果欄記錄，若未符合標準，應由業主、設計師、工班共同商確出解決方法。

石材工程驗收Ckeck List

點檢項目	勘驗結果	解決方法	驗收通過
01 原石剖片是否有編號嚴禁抽片，以免紋路無法連接			
02 石材有無破損現象			
03 打板的石材要先確認衛浴配件位置是否相符配件孔徑、位置、距離			
04 打板的石材倒角水磨加工是否正確，事後修改會增加成本			
05 加厚處理的紋路有否一致			
06 加厚處理的石材與門板高度有無相符避免磁撞			
07 石材結合的片與片之間是否平整			
08 石材結合是否有防水性收縫處理			
09 下嵌式臉盆與檯面有無支撐力固定			
10 下嵌式臉盆檯面有無倒角水磨與防水處理			
11 施工後的石材表面有無作保護處理			
12 門檻有無預先作防水處理與貼合避免滲水			
13 壁面大理石有無固定與載重加強支撐確認掛載工法能否支撐			
14 地板與壁面填縫的防水性是否足夠，打矽力康需注意貼條與美觀			

註：驗收時可在結果欄記錄，若未符合標準，應由業主、設計師、工班共同商確出解決方法。

施工前 拆除 泥作 **水** 電 空調 廚房 衛浴 木作 油漆 金屬 裝飾

▲

Chapter 04

水工程

排水、汙水、雨水三重系統要分開，才能喝得安心、排得乾淨、家中無異味！

在水工程的部分，一般水管工程分為排水、汙水、雨水這三大類，但這三大類系統嚴禁互相混合，以免會有嚴重的後遺症。一般居家大多著重在排水及汙水系統，因此從管類進駐開始，便要小心注意施工者是否用對管子的種類，以及在管線及安裝上是否有處理妥當，並提醒水管安裝失當或老舊可能會引發的問題。

項目	☑ 必做項目	注意事項
進水系統	1 由專業水匠建議進水管徑與水塔容量 2 購買 2、30 年以上屋齡的中古屋，建議先查看屋子的進水系統	1 管類要視用途選擇材質，並通過檢驗合格 2 水塔要定時清潔並檢查
排水系統	1 排水系統在施工前一定要有計畫圖 2 先算用水面積與出水量後，再計算排水量	1 汙水混到雜水，會產生異味 2 若為小型建築物，檢查共用型汙水箱，檢測其透氣管是否有堵塞情況，老房子尤其要注意

 水工程，常見糾紛

TOP1 才裝潢完半年，牆上卻出現水漬，找設計師來看說要敲牆才能找出原因，才花完一筆錢裝潢，又要花一筆錢修！（如何避免，見 P88）

TOP2 家住舊公寓尖峰時間水常被「拉走」，裝了加壓馬達啟動卻造成水管爆裂，反而淹大水。（如何避免，見 P91）

TOP3 樓下鄰居反應有漏水情況，工班拍胸脯保證的施工品質，查下去才發現是接點出現裂縫！（如何避免，見 P94）

TOP4 花了 50～60 萬元蓋了豪華浴室，但得到一個會堵塞的馬桶，怎麼會這麼冤枉啊。（如何避免，見 P98）

TOP5 廁所加大後馬桶移位，汙水管有 6 公尺長，坡度又不太夠，排泄物卡在落水口的位置，超不順暢的！（如何避免，見 P101）

┌─ Part 1 ─────────────────────────

Part1 進水系統

黃金準則：設計前要確切分析居住者使用的習慣與機能，再增減進水設備。

早知道　免後悔

沒事多喝水，但，多喝水～真的沒事嗎？無論買新房子或中古屋，試問有多少人要求看房子的進水系統？有多少人知道自己每天在家裡喝的水是儲藏在什麼樣的水塔裡？裡面有沒有老鼠、蟑螂，甚至水蛇在開轟趴？！水工程與其他裝修工程不同，牆壁的油漆隨時可以換，但水電工程都屬於埋入工程，無論進水或排水，只要一個過程疏忽，就可能要敲牆壁找原因，勞民又傷財。

一般室內裝修設計師很少在水、電領域深入研究，多半也缺乏專業性甲種承裝或乙種承裝的合格證照，但水電都是置入型、埋入型工程，一旦施工不良，造成漏電、漏水就會立即影響生活，所以監工時要特別留意，無論老屋或新屋，屋主最好對材料、工法有基本認識，發現錯誤才能及時補救。

埋入型的水工程如果沒有做好，問題都是慢慢產生的，例如滲水，也要過一段時間才會被發現。一般來說，埋在牆壁或地面下的水管不容易破損，通常都是因為水管的接點沒有處理好，長時間下造成慢慢產生漏水現象。

住家的水循環系統材料

要監工之前一定要先搞懂水工程的基本材料，材料的好壞，當然關係到使用期的長短。

▶▶ **1 水管**
PVC
ST 不鏽鋼
FE 鐵製
銅製

▶▶ **2 接頭**
PVC 加金屬

▶▶ **3 龍頭**
①壁面
②檯面

▶▶

水工程基本材料

1 水管、接頭

一般分為 PVC 管、不鏽鋼管、鋼管（又稱鍍亞管），記得看一下管子說明，例如公司、日期、材料成分，以及 A、B、S、W、E 等各類管線代號。

水管種類	特性	用途
A 管	薄管	給、排水，營建土木化工電氣，農漁牧井管等配管用
B 管	厚管	
S 管	落水管	
W 管	自來水用管	
E 管	導電線用管	電氣等配管使用

2 龍頭

有金屬、陶瓷等材質，外形多變化。

3 馬達

主要分為加壓馬達、揚水馬達和抽水馬達。

4 水塔

分為不鏽鋼、塑膠、水泥、FRP 等材質，依容量分大小，住家用至少 500 公升起跳。

5 熱水器

有瓦斯、熱泵、電熱、太陽能等多種。

---

4 馬達

抽水馬達
揚水馬達
加壓馬達

▶▶

5 水系統的感應器

浮球
電子感應桿
定時機器式設備

▶▶

6 水塔

不鏽鋼
FRP
水泥

▶▶

7 民生用件

熱水器就有：
太陽能
儲水熱水器
瓦斯系統、熱泵
電熱等

水管要注意材質與用途

以水管而言，一般有 PVC 管、不鏽鋼管、鋼管（又稱鍍亞管），PVC 管多用在電源供應的供應區，如浴室、廚房等空間，少數用於修飾的明管，或經常使用於冷水進出的進、排水系統；不鏽鋼管大部分用於具有大樓式的高壓管，或具一定熱度的進水系統，若預算足夠，建議使用不鏽鋼管，可以省卻一些後續維修問題；至於鋼管具有耐高溫高壓特性，可供熱水傳輸的進水、排水系統，但若未做好防鏽處理，接頭處容易生鏽，壽命較短。

裝抽水馬達先看公共用水管

有些人沒電沒關係，最怕的是停水，而有些人希望水量大些，沖澡時感覺比較爽快，這類情形下，通常希望加裝加壓馬達，增加水量。不過，住家適不適合抽水，還是要看原始民生用水管子衛不衛生？搞不好抽到大便水，還不如不抽！一個社區裡的水主要經由公共設施管線輸送，早期建商埋在地底的公共用水管子很少花大成本使用鋼管，多半使用 PVC 管，久了會壞，馬路上若有很多窟窿，下雨天水四處流，路上各式髒水滲進

水管裡，再被住戶們連接的水管引到家裡使用……光想就覺得噁心。所以，一般老舊社區如需裝抽水馬達前，先了解公共用水的管子是否更新？若有的話裝抽水馬達 OK，若沒有，則不裝馬達，在不影響結構的前提下，加裝一個水塔比較乾淨。

過板倒吊式排水管配置。

🖊 知 識 加 油 站

頂樓水塔加裝，要考慮以下幾點：
1 水塔是否原始結構體的水塔？有的是新增不鏽鋼，會不會有承載過重問題
2 加裝的水塔避免與地面直接接觸，也不能妨礙頂樓住戶居家安全
3 從水塔連接的管子最好使用明管
4 建議安裝室內控制閥，控制點裝在方便的地方，不必每次都要跑頂樓

水塔要定時清潔並檢查

另一個要注意的是儲水塔，一般有兩個水塔，一個在地下儲水用，一個是在頂樓的壓力式水塔，輸水到各住戶。儲水塔有的埋在地底下，但幾十年都沒有人去清理過，如果水塔破損，各式汙水往裡面滲，就會出現異味。至於水管偶爾會出現紅、黑水或雜質，有可能是因為舊式管線生鏽，也是漏水前的徵兆，如果水的顏色是黑色且帶有雜質，比較可能是水塔髒汙，或是外面的自來水管破裂，使得抽水馬達在抽水時從裂縫抽到汙水（化糞池或是排水溝裂縫滲出的水居多），此時要儘速派專人檢查並且改善系統。

以每人每天用水約 360 公升來計算，傳統 5 樓公寓以 10 戶人家 20 ～ 26 人計的話，每日用水量約在 7 ～ 10 噸之間，可看頂樓水塔大小夠不夠用？若是 5 噸的水塔，那麼一天要抽水 2 次，水塔會加裝控制閥，分為電子式及浮球式，都要定期檢查。將地下儲水塔的水抽到頂樓，一般使用揚水馬達，也可用抽水馬達替代，但是損化率很高，5 噸的水抽到頂樓估計花 10 分鐘，若住戶裡有用水量超大者，一天抽個好幾次水，馬達壽命也會相對縮短。

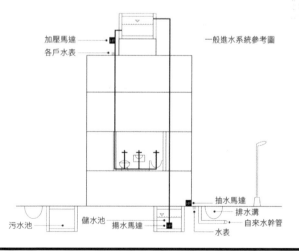

老師私房撇步

只要是購買 2、30 年以上屋齡的中古屋，建議先查看屋子的進水系統：

1 先查公共工程管線有無更新：可向房仲業要求看資料，或到自來水公司查詢。

2 了解儲水系統在哪裡、材質、使用時間：有的埋在地下室，有的放在前後陽台，尤其是泥作材質的儲水塔，有無年久失修，打開後可能會發現各式動物。

3 探查頂樓水塔：是否原始結構體的水塔？有的是新增不鏽鋼，與頂樓住戶有無關係？避免水塔與地面直接接觸。

4 水塔連接到住家的水管是明管還是暗管？水錶與水管之間的管子是否老舊？是否需要更新？有沒有室內控制閥？

加壓馬達
各戶水表
一般進水系統參考圖
抽水馬達
排水溝
自來水幹管
水表
污水池
儲水池
揚水馬達

徑大小，一般從水塔進入住家使用 1.2 ～ 1.5 英吋的管子，而家用則僅僅是 6 分管，不同口徑大小的水管要確切接合好，萬一加壓馬達啟動卻造成水管爆裂，家裡就要淹水了。

關於水系統的評估，沒有相關證照的室內設計師是沒有資格建議管徑、水塔大小的，這方面必須由專業的自來水匠人員建議。正確的評估當然是依使用水的人員數量及習慣來計算，但由於現代設備越來越多，用水量視設備而定，所以在設計前都要考慮。例如浴室的設計，可能有蒸氣室、SPA 池、按摩浴缸等，在合法的前提下，由設計師繪製新增設備，除了把進水系統及空間等一一標示

清楚外，各項設備的特色也要詳細陳列、分析，像 SPA 水壓力與淋浴的水壓力大不同，都要說明，然後交由專業水匠──逐項檢討每個水管管徑大小。不然若是設計一個 250 公升大浴缸，但熱水流量只有每分鐘只有數公升，等浴缸水滿，熱水都變冷水了。

有些人希望熱水管越大越好，合理嗎？

其實熱水管的大小與熱水器有關，主要看熱水器可以配多大口徑的管子，相對水龍頭也要搭配，才能讓熱水量增大，只加大熱水管口徑是沒用還有害處的。

★ PLUS 同場加映：商業空間與住家簡易備用水系統

因應用水量大或是停水，其實只要多花個 1 ～ 3 萬元，就能在家裡做一套備用水系統。
1 噸容量的水塔＋加壓馬達＋獨立水龍頭＋水管＋切換開關＝備用水系統
水塔要放置結構安全的地方，如果陽台沒有改建，放在陽台是 OK 的
停水→先將開關切換至自家用水→水管接上獨立水龍頭→開啟加壓馬達→送水

因空間需求以及機能不同，各有不同的管類選擇，必須與專業人士與設計師做好討論溝通才可安裝。所以在設計前要做好圖面的處理與檢討，並做好施工計畫，避免事後修改。同時從外觀或功能等處了解管子的選擇與辨別方式，另外，管子的厚薄與管徑也要了解，避免進錯貨或用錯管線的問題。施工人員應有甲乙種電水匠證照，管子應通過中央標準局等合法單位的認證與檢驗，並附上檢驗的資料與標示。

■ 建材與工法施作原則

PVC 管

在電源供應的供應區，如浴室、廚房等空間都可用到，另少數用於修飾的明管，或常使用於冷水進出的進、排水系統。

1 PVC 管嚴禁用在熱水傳輸管

2 進出水接頭有屬於 PVC 頭和所謂的金屬頭，結合時要注意止水帶要確實。

3 芽接式的接合時，要避免過度施力，以免造成管子與接頭爆管的情形產生。

4 出水接頭部份，建議使用內有金屬型的接頭方式較適當，可以避免爆管發生。

5 由於管類有一定的受壓力，如樓層過高、水壓過大，盡量避免使用 PVC 管。

不鏽鋼管

大部分用於具有大樓式的高壓管或一定熱度的進水系統。若預算足夠，會建議使用不鏽鋼管，可省卻很多後續維修問題。

1 不鏽鋼管最好使用車芽式（管與管之間鎖合），但避免過度車芽，以免造成管壁過薄或破損，結合時會產生問題。

2 車芽式的接頭部分，止水帶要確實纏繞，以達到止水效果。

3 管與管接頭的部分，要同材質並經過檢驗，嚴禁使用鐵製品，將來容易生鏽、漏水。

4 管子與牆壁或地面的固定要確實，減少地震時的晃動，或水流經過時的晃動，否則會造成水管接頭處的鬆動與雜音。

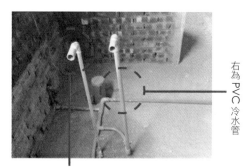

右為 PVC 冷水管

左為不鏽鋼熱水管

埋入式配管加固定。

5 如熱水管的管子外部有做保溫材較佳，但要注意不論使用於室內外都要考慮耐熱度。

6 壓接式管要注意彎頭部分的壓接處理，避免草率了事的情形產生。

鋼管

一般稱為鍍亞管，具有耐高溫高壓，並可供熱水傳輸的進水、排水系統，若未做好防鏽處理，接頭處易生鏽，壽命較短。

1 鐵製管一定要做好防鏽處理，由於管內與管接頭容易產生鐵鏽，造成漏水與滲水，因此較少使用。

2 管子通常經鍍鋅處理，做好防鏽處理。

3 管接頭位置，避免出現施力過度，造成芽崩以及裂痕產生的情況。

4 如使用於瓦斯管，一律做明管並做好管接頭的檢測。

5 管子與牆壁地面的結合要做好固定，如使用於受潮空間要注意做好防水處理，以免表面生鏽。

6 如採用熱水明管工法時，表面要做防護，避免燙傷。

進水系統監工總整理
進水管路監工**10**大須知

1 管與管要慎選同類型管或專用的接頭，例如 A 管用 B 管的接頭，容易產生漏水現象。

2 管子與接頭的黏著劑要做確實的塗固和壓貼密實的動作。

3 如管線有做轉角，最好用轉角接頭比如 T 型管、L 型管等管頭。

4 接頭如需彎烤，避免過熱情形造成管類的焦黑、碳化情況，降低管子本身抗壓係數。

5 施工中避免管內有雜質的滲入，配管完成後要做封口處理。

6 盡量避免管與管之間不同材質的混接，比如不鏽鋼管接 PVC 管，兩種抗壓力係數不同，易產生爆管的情形。

7 配管完成之後要做水壓的測試，並做好管接頭的檢查與紀錄。

8 如果是明管式，要做管座或水泥固定，否則水管會產生振動與噪音，電管易產生脫線情況。

9 地震或是火災過後，記得要做管線檢測。

10 如屬於埋入型工法，不論埋入天花板、地面或壁面，要做好水壓測試。

★ PLUS 同場加映：淨水系統

由於台灣的水不是天然水而是加工水，不像阿爾卑斯山的水是直接從山上進到住家，因此淨水系統日益受到重視。有些人的皮膚會對自來水中的氯產生過敏，因此花了數十萬元購買銀離子淨水系統裝在水塔出水端，心想：這樣全室的水都很乾淨。但是，有些水龍頭的出水是每天都會用到，有些可能不常用，那些留在很少用水的水管裡的水因為被銀離子去除了氯，反而變成有毒。

其實評估是否裝設獨立淨水系統，不建議裝在水塔出水端，因為類似馬桶的水就不必用到淨水系統，所以在設計前先確定好要全室淨水系統或重點式淨水系統，就不必花冤枉錢了。

進水工程 Ckeck List

點檢項目	勘驗結果	解決方法	驗收通過
01 抽水馬達與系統要慎選			
2 感應器的供電系統要做好配電與漏電系統的處理			
03 感應系統是否靈敏，可避免無水時馬達機器空轉			
04 水塔是否為獨立型個體			
05 水塔的檢修孔需確實密閉，避免灰塵、雜物滲透			
06 水接頭、止水墊片是否密合			
07 底層如果有結構支撐如樑柱，要避免破壞到樓板結構			
08 加壓馬達安裝時要有防漏電裝置，避免感電觸電意外			
9 加壓馬達施工時要確認管徑以及壓力數是否足夠			
10 加壓馬達在安裝固定時要避免破壞防水結構層			
11 加壓馬達要預留好位置與配線處理			
12 加壓馬達是否加入消音墊片設計			

註：驗收時於「勘驗結果」欄記錄，若未符合標準，應由業主、設計師、工班共同商確出解決方法，修改後確認沒問題於「驗收通過」欄註記。

Part 2

排水系統

黃金準則：汙水、雜水、雨水系統 3 種管子不能混用，安裝排水管最忌太過集中。

早知道　免後悔

一下大雨，不僅巷道水溝水滿了出來，還飄出糞味，又臭又溼，都快吐了，吼～～這到底是怎麼一回事呀？相信這種經驗很多人都有，這不是怨天尤人的時候，有可能是排水系統施工不良，趕快找專業水匠處理才正確。除了進水系統，水工程還有排水系統，處理雜水、汙水、雨水等 3 類廢水，會發生水溝飄出糞味，最可能的情形就是當初施工時，這 3 類的水管混在一起了啦！

　　排水系統在施工前，最好先確定原始的排水系統位置圖，新房子的建築圖上都有，老房子可以去先至各縣市的建設局處申請建築物使用執照影本，或者在翻新時，拆除工程做到「見底」時，就可以看到最原始的排水孔位置。

　　排水又分地排與壁排，排水好不好與排水管尺寸、位置、坡度有極大關係，通常是先算用水面積與出水量後，再計算排水量。例如洗衣機與浴缸排水的水壓力就不一樣，所以配管時要考慮水壓力的分布，若同個地方有 2 支排水管，排水量要分散，也要評估水壓力，否則水壓力過大，造成渲洩性的迴滲水，又是一場水災。有時洗衣時，地面也會冒水出來，這是由於排水時會造成不同高地的水壓，比地面高的或稱為高排水（如臉盆、浴缸），施工時要注意水管配置及預留長度，才不會造成回流現象。

排水系統設計步驟

a 就需求畫出設計圖

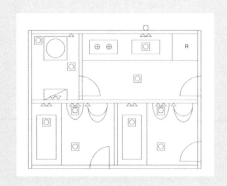

正常

錯誤

之前提到，3 大類廢水的管子不能混搭，如果雜水混到雨水系統，那麼水溝可能會出現各種泡泡，夾雜不同的味道，這種情形最容易發生在廁所浴室或廚房外推至陽台的情況。若是雜水系統混到汙水系統裡，汙水中就容易造成生菌減少，而使地下室及汙水排水孔出現異味，而汙水混到雜水的話，糞味就飄出來了。

✎ **知 識 加 油 站**

雜（廢）水系統	日常洗滌所產生的洗碗洗菜水、洗澡水、洗衣機所排出的水等均為雜水，經過廢水集中後直接排入政府公用的排水系統。
汙水系統	人所製造出的排泄物，會集中在化糞池以及汙水沉積池中，經過一定時間的生菌分解後，進入政府公共排水系統。
雨水系統	在頂樓或是陽台，下雨天時作為排水系統使用。

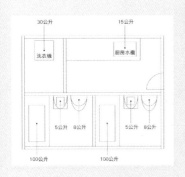

b

算面積與出水量之後再算排水量

 ▶▶

c 分析每個管子怎麼連結

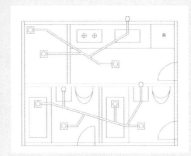

 ▶▶

大部分老舊房子的廚房及廁所都經過改建，拆除工程完畢後會看到最原始排水孔、排水管位，若是翻修時想將馬桶移位、浴缸加大，一定要增加檢修孔及強制排水系統。之前曾遇到過一個例子，廁所加大後馬桶移位，汙水管有6公尺，坡度又不太夠，所以排泄物就卡在落水口的位置，很不順暢！也遇過公寓改裝套房，房東使用紋碎式馬桶，結果與雜水系統混用管線，滿屋子都是異味。因此，無論新增或移位，都要事先畫出圖面，再由專業人員進行評估施工。

排水系統所用的管線不外乎ＰＶＣ塑膠管，不鏽鋼管以及鋼管，一般來説，ＰＶＣ管壽命約15～20年，鋼管壽命約10～15年，視使用環境而定，最好在期限內做更新處理。

排水系統在施工前一定要有計畫圖，因空間需求以及機能不同，埋設不同的管類，監工時，可以先看管子的外觀，包括厚薄與管徑，還要有經過中央標準局等合法單位的認證與檢驗標示，再由具甲、乙種電水匠證照的專業人員施作。雖然水系統的細節相當瑣碎，但事前評估就可以免去事後爭執，設計師設計浴室如果沒有事先分析管徑大小，進水、排水出問題，花了50～60萬元蓋了豪華浴室，但得到一個會堵塞的馬桶，相信沒人想當冤大頭。

✎ 知識加油站　`污水系統施做法則`

① 了解整個汙水計畫	如材質與處理的流程，及事後維修性	
② 施工人員應有證照	應有甲級或乙級水電證照	
③ 檢視汙水箱透氣管	若為小型建築物，檢查共用型汙水箱，檢測其透氣管是否有堵塞情況，老房子尤其要注意	
④ 要做Ｐ型管Ｕ型管	這個部分一定要安裝，以免事後產生臭味	
⑤ 要預留維修孔位置	尤其是浴室空間，方便日後維修工作進行	

d 排水管不要太過集中

e 排水管越大越好

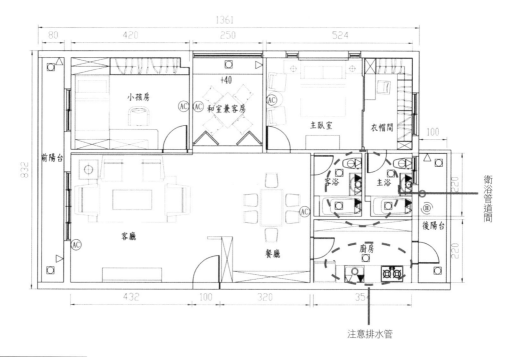

衛浴管道間

注意排水管

![老師私房撇步]

土水師怕抓漏，只要做好 **2** 步驟，水系統維修免煩惱啦！

步驟 1 施工過程做精準拍照，每個接點都做標示

步驟 2 除了拍照也要錄影，外加文字說明

水管不容易破，但「接點」是透過人為施工，比較易出狀況，像是膠沒塗好或是出現小裂縫，萬一哪天樓下鄰居突然跑來抱怨你家漏水，就可以當場把圖面及影像找出來，循圖找到漏水點，方便事後維修。

備註：一般而言，一個空間的地面約有 5 ～ 8 個接點，牆面則是 4 ～ 6 個。

▶▶ **f** 注意具有水壓力器具
如浴缸、洗衣機、水槽

必知！建材監工驗收要點

居家汙水如糞便尿液等排泄物，需透過專用的汙水管排入化糞池，或排入公家單位的汙水系統，做不同的分化處理。因此，設計師在規劃時，或是施工前與施工人員討論時，都應先了解現地的汙水系統位置，以及公家單位的汙水系統是否已經完成，以配合工地的汙水安裝計畫。

■ 適用建材與驗收標準

多用 PVC 管或鋼管，詳見 P000。

■ 建材與工法施作原則

1 了解整個汙水計畫

監工者應充分了解廠商提供的汙水計畫，如選用哪些材質、汙水處理的流程，以及是否預留事後的維修孔等。

2 施工人員應具備證照

確認施工人員領有甲、乙級水電證照。

3 共用型汙水箱檢視透氣管

如果工地屬於小型建築物，汙水是否屬於共用型汙水箱，檢測其透氣管是否有堵塞情況，尤其是老房子，一定要特別注意。

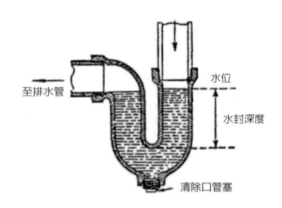

水位
至排水管
水封深度
清除口管塞

4 避免臭味一定要做 P 型管及 U 型管

檢視管線是否已做 P 型管及 U 型管處理，如果漏掉一定要安裝，以免事後造成異、臭味。若於公寓型住宅裝設，要與樓上樓下協調。

5 預留維修孔

設計時要注意必須預留維修孔位置，尤其是浴室，方便日後維修工作進行。

■ 監工與驗收重點

1 檢查抽水孔位置

檢查排水孔位置，是否有堵塞、脫落的情形。

2 檢測管線是否有老化情況

一般汙水管的管子壽命約 15～20 年，如允許，可檢測管線是否有老化情況產生。如有過度老化情況，盡量更新，如沒有更換，通管時要小心施作，避免造成管路破損。

3 物件與孔徑要確實對準

安裝馬桶、浴缸、臉盆等物件，孔徑要確實對準，避免發生溢漏的狀況。

4 管線遷移要加「密閉型維修孔」

管線如有遷移，或增加排汙系統（如增設衛浴），要記得加密閉型的維修孔，以免產生異味。

5 維修孔埠不可被其他器具堵塞

化糞池上緣通常會有維修孔，要檢查是否被其他器具堵塞，嚴禁被廢除或密封。

6 避免和其他排水系統相結合

避免和其他排水系統相結合，以免降低系統使用壽命、產生異味。

7 汙水管的排水坡度要足夠

如馬桶有移位，要注意汙水管的排水坡度是否足夠，排水坡度若不足，容易造成堵塞的情況。

排水監工總整理
水管監工**10**大須知

1. 先確定管線運用方式，如進排水管、冷熱水 以及高低壓水管，在工地現場要做確認

2. 使用同類型管或專用接頭，避免混合替代使用，否則容易產生漏水現象

3. 管子與接頭的黏著劑要做確實的塗固，並且壓貼密實

4. 管線有做轉角，最好用轉角接頭比如 T 型管、 L 型管等管頭

5. 接頭如需彎烤，避免過熱造成管類的焦黑、碳化，降低抗壓係數

6. 施工中避免管內有雜質的掉入，配管完成後要做封口處理

7. 避免不同材質混接，比如不鏽鋼管接 PVC 管，抗壓力係數不同，易爆管

8. 明管要做管座或水泥固定，以免產生脫線情況

9. 地震或是火災過後，記得要做管線檢測

10. 水管無論埋入天花板、地面 或壁面，都要做好水壓測試

★ PLUS 同場加映：簡易消防

頂樓水塔底下通常有維修孔，請專業水匠從維修孔裝設明管通至住家陽台，再配裝合適口徑的軟管，平日可以捲起來不佔空間，一旦廚房或是神明廳等地不小心著火，管子一接、水一開，水量大到彈射距離達 5、6 公尺遠，可以瞬間滅火於無形，安全自救。

排水工程驗收 **Ckeck List**

點檢項目	勘驗結果	解決方法	驗收通過
01 檢查施工人員有無執照			
02 汙水、雨水、雜水三種排水系統要獨立			
03 確認 PVC 管是否用對，A 為電器管、B 為冷水進水管、E 為排水或配線用管			
04 PVC 管與管接合膠有無確實			
05 PVC 管彎烤時，有無燒焦			
06 PVC 管式與水龍頭有無止水帶或逼破管			
07 水管有無確實與牆面或地板固定，避免水管震動			
08 金屬管車牙式有無過車或車不足牙（要解釋）			
09 壓接式金屬管有無壓變形			
10 與壁地面舊管接合時有無確實必須確實			
11 明管式熱水管要做保溫防燙披覆，防止人員燙傷			
12 排水管的排水坡度是否確實（應為幾度）			
13 檢查排水頭的防水收邊			
14 冷熱水中心位置有無確實定位，浴缸與龍頭偏位			
15 冷熱水預留間距是否適當 有無過大或過小			
16 進水系統有無測水壓防漏水點			
17 水槽、浴缸加滿後放水，測試排水有無順暢或回積			
18 目視檢測樓上排水管有無漏水			
19 施工後確認接管位置與圖上標示座標相同，若發生漏水方便查修			

註：驗收時於「勘驗結果」欄記錄，若未符合標準，應由業主、設計師、工班共同商確出解決方法，修改後確認沒問題於「驗收通過」欄註記。

施工前　拆除　泥作　水　電　空調　廚房　衛浴　木作　油漆　金屬　裝飾

▲

Chapter 05

電工程

關係到民生問題和居家安全，更換、重配一定要找專業有證照的電匠。

電的裝配是門大學問，要如何適當的分配開關插座、各空間的電源，配線時又有哪些應該要注意的事項？在本章節裡面均有詳細的解說，避免與高電壓產品共用插座，燈具避免與高電壓或高功率的電器用品結合，比如電冰箱、洗衣機等，此類高功率機器在啟動時會 造成燈光閃爍，降低壽命。另外內文中也將提醒讀者，關於配電的監工細節以及各種注意事項。

項目	☑ 必做項目	注意事項
家用電系統	1 須有甲種或乙種電器承裝業證照才能設計、施作 2 30 年以上的老房子，管線一定要徹底更新	1 以總開關箱介定，電表前的線路由電力公司負責，電表後的管線由住戶自行負責 2 專用迴路線路要使用電器上建議的線徑，電線安裝前要拍照記錄，絕對不要有接線
弱電系統	1 弱電設備裝好後一定要多次測試，再讓木作進場 2 各項動作是否按照相關圖稿施工	1 弱電配置視個人需求而定，規劃前要詳細列出 2 各種弱電系統可以互相搭配使用

 電工程，常見糾紛

TOP1 買了中古屋，裝潢時要求全市更換電路線，結果入住後常跳電，才發現根本沒換！（如何避免，見 P106）

TOP2 預算有限老屋翻新沒有重新配電，結果有的房間才一個單插座，延長線牽來牽去難看又怕絆倒。（如何避免，見 P107）

TOP3 拔插座出現火花，才發現插座面板有焦黑痕跡，是哪裡出了問題？（如何避免，見 P109）

TOP4 幾年前請水電師傅更新廚房的電路，最近新增燈具才發現沒配管，抽換更新不但麻煩，還再花了一筆錢。（如何避免，見 P107）

TOP5 在客廳裝了結合燈具的吊扇，每次開啟吊扇燈光就閃啊閃，一下子眼睛就疲勞了。（如何避免，見 P113）

Part I

Part1 家用電系統

黃金準則：換管線要詳列用電清單，委託具甲、乙種電匠證照的專業人員承裝。

早知道　免後悔

高雄氣爆讓人餘悸猶存，但其實電線大量走火比任何爆炸都恐怖，更容易造成死傷！無論是夏天使用電扇還是冬天使用電暖爐，電線走火奪命奪財的新聞日日可見，事關居家安全，電工程又如同水工程一樣屬於埋入工程，只要一個疏忽，輕則敲牆壁找原因，重則家毀人亡，各個注意事項都要千萬留意，切忌省小錢反而造成大傷亡。

你知道家裡的插座與線路有幾年的歷史了？你知道其實每面牆壁至少都應該有一個插座，而不是無限制地使用延長線嗎？為什麼請 A 水電行做全室更換管線要 NT.30 萬元，而 B 水電行報價只要一半？這些種種關於電的疑問常搞得消費者一頭霧水，在這個精打細算的年代，找對誠實有經驗的電器承裝業者才能保障全家安全。

「電」是一種熱源的產生，電器化時代日益便利，各式電器用品大量成長，現代人如果少了電，幾乎什麼事都做不好；而相對的，電工程裡從業人員專業知識也日益提升，必須注意的是，一般的室內設計師或裝修師傅若缺少證照，就沒有甲種或乙種電器承裝業的資格，千萬不能找他們設計、施作電工程。

一般電工程由於是埋入式工程，外面看不到裡面實際情況，最容易產生的糾紛就在報價以及全室線路更新。早期的建築物由於沒有這麼多電器用品，1 個房間頂多配置 2 個插座，用到現在，幾乎每個房間都必須使用

家用電的傳輸途徑

1 電表

2 總開關

3 壁內線

延長線；另外，時間日久，埋在牆壁內部的電線或許已有燒焦黑線產生，如果電力過載會產生電阻性，融解漆包線，造成電線走火；還有，以前有些不肖施工人員或建設公司設計師或投資客會用舊線，反正埋在牆壁裡沒人知道，卻可以節省成本……，綜觀以上因素，強烈建議，全室更換新管線。

注意！這樣就要更換壁內線

1 每面牆至少 1 個插座，老房子可考慮抽換新的電線。

2 每個房間只有 2 個插座。

3 有特殊需求的空間，例如客廳、書房電源使用大可考慮局部性加強配線，不僅配置多個插座，也要獨立拉線，縱使是新房子也要做專線。

4 老屋尤其是 30 年以上的老房子，管線一定要徹底更新，因早期的電線都沒有經過檢核，要抽出來看看是否有任何政府認證標章，如 CNS 等。

有些消費者會為了該不該全室線路更新傷腦筋，其實所有的管線使用壽命應當「不超過 15 年」，每面牆壁至少要有一個插座，而且出口應該至少雙孔，以此界定的話，超過 20 年以上房子都必須要全室更新線路。

牆面木作動工前，會經過的電線、訊號線等都要設置完成。

4 PLUG	5 壁外線	6 插座、開關
▶▶ 	▶▶ 	▶▶ 

電表，圓表和方表大不同

一般來說，建築物用電分為「三線三向」與「兩線兩向」，也就是電壓分為 330 ／ 220 ／ 110 伏特，可看看家裡的電表，有 220 電壓的是圓表，而只有 110 電壓的是方表，要更新管線，從電表開始就要考慮。

以總開關箱介定，電表前的線路由電力公司負責，電表後的管線由住戶自行負責，電表到總開關之間的線路早期只有 8 平方線，但現在用電量大增，至少需改用 17 ～ 24 平方線。線徑大小的評定依電表後使用電器的多寡決定，所以更換管線前，一定先列出用電清單，再由設計師委託專業的從業人員做合理判定。

值得注意的是，早期電表到總開關的電線保護暗管通常配得太小，若是老舊房子也建議另外配明管徹底更新，由於安裝明管從樓下總開關箱拉線上樓，一定會經過鄰居家，施工時千萬要告知鄰居，做好敦親睦鄰。

220V 電壓的是圓表。

110V 電壓的是方表。

更新總開關可以預留 1 至 2 個備用電源，因為將來的電器用品只會增加不會減少，也要留出口，一個在天花板、一個在牆壁，方便維修。須注意總開關箱裡接地配置是否落實？而配電箱裡是否有詳盡的線路表說明，記得字體要大，能有螢光字體更好。

計算總用電量做迴路規劃

總開關搞定後，要評估 PLUG（漏電系統或無熔絲開關）的安培數，這方面一定要由專業人員去計算，所以裝潢前務必列出電器用表格，再由專業人員分析用電量。通常高功率輸出的電器用品，一定要使用專用迴路，例如：冷氣、電熱水器、電暖爐、電烤箱等，避免共用迴路，否則容易跳電，但有些不肖從業人員為了節省預算壓低成本，就把 PLUG 加大，20 安培做到 30 安培，一個 PLUG 裝 2、3 個冷氣，雖然看似不會跳電，實際上卻容易造成接點到接點感應系統秀逗，讓電器用品燒毀，危險性大增。

✏ 知識加油站

PLUG（電源端子座）的種類

PLUG 分為漏電系統與無熔絲開關，無熔絲開關用於各種供電系統，若電力發生過載，具有可自行斷電的保護裝置，一般用於總開關箱內；漏電系統與水有關，通常加裝在浴室、廚房或洗衣機附近。

漏電系統的反應靈敏度超越無熔絲開關，電力負荷過載，1/10 秒就會跳電，可以避免觸電，但價格很貴，比無熔絲開關貴了 2、3 倍。

視安裝地點選擇出線盒材質

電表到總開關的電線加粗、壁內管加大後，從總 PLUG 拉到壁面管的管子，必須經過政府認定核可才有保障，出線盒要慎選材料，防潮型、不鏽鋼類的較好，配管過程儘量不要做打鑿動作，改以切割方式，牆壁較完整，因為無法得知牆壁是否有結構性破壞問題，萬一大動作打鑿，容易造成牆壁出現裂縫，加大損壞；而改用切割法則可導引管子走向。

知 識 加 油 站

出線孔

又稱為「集線盒」，各種開關及插座的出口，透過面板等出口做為集中點，要注意牢靠、固定、蓋板要密合等問題。配置出線盒時，可事先在牆面註名尺寸，並確認水平平整度。

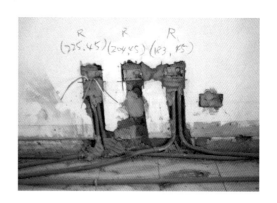

萬一確定牆壁已經有裂縫，管線更新就不適合埋入管工法，建議採取明管式工法，雖然可能增加壁面修飾預算，但最大好處是結構不會因施工造成二次傷害。至於電線線徑大小一般用 2.0，專用迴路線路要使用電器上所建議的線徑，而電線安裝前最好拍照記錄，絕對不要有接線。

壁外線也要配管固定

從出線孔出來後延伸出來的線就是壁外線，一般分成：

照明線路：包括壁燈、吊燈、櫃內線等。

訊號線：網路電話、智慧型 HA 系統監視器等。

櫃外的機能用線：例如電視隱藏形的線、電動升降機隱藏線、電動馬達電動窗等。

壁外線使用的管子一定要符合大電力系統設備的規範，包括 PVC 管、政府認定核可的坦克管、高壓蛇管等，由於出線孔很容易爭執，無論材質、固定方式、出孔位置等都要事先充分溝通，才可以避免事後更改。例如裝有感應系統的電器，浴室裡的多合一乾燥機、蒸氣室、免治馬桶，及廚房的淨水器、烤箱、電鍋等，一定要注意安裝的位置及操控方便性與否，如果蒸氣機的控制面板裝在室外，每次使用都要跑到浴室外，就相當不方便，這些都是在設置出孔時須留意的小細節。

配線注意線材保護與固定，泥作結構內要用 PVC 硬管，活動配線要套上軟管並且做適當固定。

此外，每個插座的高度與電器用品的配置都要深思熟慮。床頭櫃閱讀燈的開關要裝桌子上？桌上 10 公分高？還是 20 公分高？高度沒有絕對，主要看使用者的習慣，這些都要經過討論才能取得共識，而使用壁插或地插也要考慮，繪製電路工程計畫圖，在圖面上做出精確標明，討論過再施工就沒錯。

至於出線孔所使用的面板，單價從 NT.20 元～ 1000 多元不等，價差太大，務必選用經過政府相關認定的產品，事前關於品牌、顏色、規格（單孔、雙孔、三孔），都要經過確認選擇；有時新房子裝修，電匠安裝的與建商給的開關不同款，也會產生爭執，在指定品牌與方便性上都必須謹慎。

其他還有室外型供電系統、電路系統，以及陽台、洗衣間或頂樓的電工程，與室內工程大同小異，但要特別注意防水，小心日曬及外力破壞，造成管線破損，防護措施不可少。如果單純抽拉換線，沒有增設插座，或許只要 NT.15 萬元就可搞定，但若要從總開關起就全室徹底更換，工程報價一定不低，所以看報價時也要了解工程內容，不能僅憑數字就決定一切。

出線孔

出線孔面板種類

★ **PLUS 同場加映：居家不斷電系統**

電力幾乎 24 小時都用得到，但偶而因為天災人禍而斷電，會造成生活不便。有些新的社區自己本身就有不斷電系統，以維持馬達與車庫門的運作，若是居家需要不斷電系統，其實花個 NT.7 ～ 8 萬元就能設置獨立的發電機，但需注意機器不可以任意抽換線材，也勿額外接線，更不要任意變更使用電源及安裝插座。自己裝設發電機系統要有專屬配線，也要有切換開關，停電時轉換開關，使電力不能與台電相接，才能無居家自己使用。

必知！建材監工驗收要點

在室內電工程項目中，照明對室內空間的營造十分重要，照明的組成不外乎是燈具及燈泡。一般的室內燈泡分為白熱 燈泡、螢光燈泡、鹵素燈等。至於燈具，依照材質分類就有更多選擇了，像是有傳統金屬式的材質、塑膠、純玻璃材質以及石材等多種材料混合的產品。「燈」並沒有絕對的適用空間，完全看消費者與設計師想要營造什麼樣的空間氛圍，配合正確的施工，達到期望的效果。

■ 適用建材與驗收標準

1 認證合格標章及包裝盒上說明

燈具產品品牌認證，要經過政府相關單位的認證標章，包裝上應查詢得到燈具相關說明與注意事項，如照度、瓦特數、功率性等。

2 考量拆換方便性

注意燈泡的拆換是否方便，或者需要使用特別工具。若是挑高空間所使用的燈，因更換較麻煩，要考慮其使用壽命。

3 測試燈泡是否短時間產生高熱反應

購買時，可以點亮燈泡，並與燈具一同測試，看看是否會產生高熱，熱度是否會使現場的建材產生燃燒情況。若有，除非確定施工時會處理，否則不建議選購。

4 潮溼空間燈泡要有防潮性

使用潮溼空間的地方，慎選防潮性的燈泡或是具防潮性的燈具，免得爆裂的情況發生。另外，室外燈要注意防潮性是否足夠。

5 要符合家中電壓

注意居家的電壓可使用多少瓦特，如110V、220V，在選擇燈泡時要注意並符合，以免容易燒壞掉或走火。

6 貨比三家不吃虧

燈具報價沒有完全統一，同類型燈具可找兩家廠商報價，勿被折扣數字迷惑。

7 親見選購較佳

產品最好實際看過、接觸過，並了解其材質特性。

8 注意零件是否齊全

收到貨品時，要注意清點燈具零件是否有缺少。

■ 監工與驗收重點

1 燈泡接頭不可鬆動

確定檢查燈泡接頭有無鬆動情況，不論是橫插式或是旋轉式的，避免因為震動造成鬆動的情況。

2 結合座孔徑要確認

螺旋式的結合座，孔徑大小要事先確認。鎖上時，要注意燈泡與燈座要確實接觸避免燈泡燒壞。

3 安定器要慎選

慎選安定器，避免造成無謂的噪音干擾。

4 高熱型燈泡散熱要好

容易產生高熱型的燈泡，要注意到散熱的問題，並避免聚光處和易燃物接觸比如紗質窗簾會燃燒或焦黑。

5 斷電再安裝

安裝時記得先斷電關燈，以免造成燙傷與感電。

6 鎖合一定要牢靠

要注意固定性是否足夠，以免事後安裝產生掉落意外。例如實心純銅的東西要注意因為重量較重，鎖在天花板要注意結構性考慮，懸吊度夠不夠，鎖的時候要確實，不要過緊或過鬆。又如落地式的，底座是否牢靠，避免地震時搖晃。

7 慎選鎖合方式

螺絲要分為兩種，一種是鋼板鎖合的，盡量選擇有螺母型的鎖合方式，如無螺母型的，則直鎖式螺絲牙的鎖合圈數要多，以免發生掉落的意外。

8 金屬電鍍要避開過酸環境

表面若屬於金屬電鍍塗裝，避免在過度酸性的環境使用，比如硫磺溫泉區。

9 鹵素燈不可用塑膠外罩

塑膠類外罩盡量避免高熱燈泡比如鹵素燈，避免燒焦的情況發生。

10 確認燈孔安裝高度與大小

屬於嵌入型的燈，要注意天花板與原始天花板間預留高度與燈孔開挖的大小是否吻合。

11 間接式照明不可露出燈頭燈管

間接照明式的要注意天花板預留的深度與寬度，避免露出燈頭、燈管。

12 電線纏繞要確實

燈的電線纏繞要非常確實，在線接時要作確實，不管是拉力接、對接等，同時要做好保護裝置。當然，電源線最好要有套管保護，同時也要注意到線徑夠不夠。

13 確認線材與迴路種類

確認是單切迴路、雙切迴路或多切迴路，線材一定要仔細確認，免去重新安裝的麻煩。

14 設計要方便更換燈具

採用罩面或是燈牆式的壁燈，或是櫃面的燈柱，要預留方便更換燈具的空間，以免更換時徒增麻煩。

15 吊扇燈泡要防震

吊扇上的燈泡，避免安裝後會過度晃動，檢查使用的燈泡是否為防震型產品。

16 閱讀燈安裝高度要適合

閱讀燈要注意安裝的高度，避免直射到眼睛，以免過度刺眼。

17 慎防壁燈影響動線

壁燈的掛架安裝要確實，在行動動線上要注意高度，以免不慎撞擊，危害安全。

18 材質應該防漏水漏電

外燈具結合要注意漏電以及防水特性，防水防漏電等很重要，注意基本材質，要屬於不鏽鋼、鋅鋁表面處理等材質，避免產生鏽以及太陽照射產生的變化。

19 鎖合應避免破壞防水層

固定室外鎖燈，要注意不要破壞房屋的表面防水層，尤其是立燈的固定底座容易發生此情況。鎖壁燈時也容易造成破壞防水層的情況，主要防水墊片尤其不可少，同時其材質也要特別注意，避免水從出線盒倒灌進入。

20 IC 控制配件位置要確定

如果裝 IC 控制配件，如藏在天花板，要確定配件的裝設位置，以利事後維修。

21 安培數夠可防跳電

要注意無熔式開關的安培數夠不夠，以免造成經常性的跳電。

22 根據設計挑選適用的產品

可調式燈光設計要確認燈具與燈泡可否使用，因為有些燈泡與燈具不可做可調燈使用，如傳統式日光燈。

23 線路配置等細節要確認

如做無線的遙控式燈光或智慧型燈光，要確定線路配置與感應位置，以及其他後續維修、品牌問題，避免整套系統無法維修。

24 自動感應燈可能影響鄰居

自動感應型的燈，要考慮到環境、燈泡壽命以及鄰居的觀感。

家用電監工總整理
配電監工 **10** 大須知

1. 須確定所有水電、空調、弱電配置圖的圖稿。

2. 施工人員也需要具有甲乙種證照才可執行業務與安裝施工。

3. 不同空間要使用不同種類出線盒。

4. 配線注意線材保護與固定，泥作結構內要用 PVC 硬管，活動配線要套上軟管並且做適當固定。

5. 搭接式接線，再使用電器膠帶作確實的纏繞防止感電。

6. 出線孔做在非結構性的輕隔間牆面，要做好出線盒的固定支撐。

7. 檢查所有電線有無符合政府認證標準，嚴禁使用再製、回收或用過的舊電線。

8. 線材搭接時，避免多接線否則易造成接觸不良或者是功率、電壓力衰減。

9. 開關插座注意要確認水平線，以免影響整體的視覺效果。

10. 安裝配線孔時禁止穿越或破壞樑柱，造成結構損傷。

家用電工程驗收 Ckeck List

點檢項目	勘驗結果	解決方法	驗收通過
01 施工人員具有甲乙種證照始可執行安裝施工			
02 所有配置是否按照施工圖稿施作			
03 確實檢查所有電線有無符合政府認證標準，禁用再製或回收使用的舊電線			
04 不同空間是否使用不同種類出線盒，如浴室須用不鏽鋼製			
05 配線時需確實注意線材保護與固定			

06 泥作結構是否使用 PVC 硬管作保護

07 活動配線應確實套上軟管保護並做適當固定，避免晃動鬆脫

08 線材有接線情況須確實再以電器膠帶纏繞，防止感電

09 繞線須以順時鐘方向，因電流為順時鐘方向跑

10 確認各電線顏色所代表供電種類，如開關、插座等，圖面應做好標示並以符號說明

11 開關箱要確實清楚標示代表各區域與功能，方便電源再次啟動或檢修時辨認

12 電源照明開關迴路及切換位置，不宜裝於門後造成使用不便

13 出線孔做非結構性牆面須做好出線盒固定支撐，避免鬆脫產生危險與不便

14 不同電壓配置在同一牆面須確實清楚標示，避免使用混淆，造成電器燒燬

15 出線盒有導線管有無做好防護處理，避免異物掉入造成漆包線破損，導致電線走火

16 線材搭接時應確實避免多接線，避免造成接觸不良或功率、電壓衰減

17 確認開關插座高度，並確認水平同高以免影響整體外觀

18 裝設前注意住戶專用電與公共用電的區別，避免供電疏失錯亂，影響電源維護管理

19 地面線導管、保護管如有皺摺、破損有無即刻更換

20 室外配線的線管使用 PVC 管保護、禁用軟管避免風吹日曬的老化

21 安裝電熱器等是否使用規定的線徑配件，禁止以經驗法則隨意安裝

22 開關面板須確實避免使用未經檢驗的材質，以免日後更新不便

23 浴室安裝電話、電視或音響等是否使用防潮配件與工法，防止器具損壞及漏電

24 高電壓電器是否有預留專用電路

25 各項動作是否按照水電相關圖稿施工

26 各項電源開關是否可使用

註：驗收時於「勘驗結果」欄記錄，若未符合標準，應由業主、設計師、工班共同商確出解決方法，修改後確認沒問題於「驗收通過」欄註記。

安裝燈具驗收 Ckeck List

點檢項目	勘驗結果	解決方法	驗收通過
01 產品要通過檢驗標準			
02 收到產品檢查零件是否短少			
03 實心純銅的燈具要先考慮被鎖物的結構,並確認鎖合有無確實			
04 落地式的燈具底座是否牢靠,避免輕微碰撞或地震搖晃時傾倒			
05 金屬電鍍塗裝產品避免安裝於在過度酸性的環境易損壞			
06 塑膠類外罩盡量避免高熱燈泡如鹵素燈			
07 嵌入型的燈是否與天花板開挖的燈孔大小吻合			
08 間接照明式的天花板,預留足夠的深度與寬度			
09 燈的電線纏繞確實			
10 電源線要有套管保護,線徑足夠			
11 確認是屬於單切迴路、雙切迴路或多切迴路			
12 IC 控制配件如藏入天花板,要確定其配件的裝設位置方便維修			
13 罩面、燈牆式的壁燈與櫃體燈柱,要預留更換燈具的空間			
14 木頭、塗漆、紙類等燈具材質是否耐熱抗潮			
15 吊扇上的燈泡,安裝後不能晃動過度			
16 壁燈的掛架高度是否足夠,並無影響動線			
17 室外燈具結合是否有防漏電以及防水特性			
18 室外鎖燈不可破壞房屋的表面防水層,確實使用防水墊片			
19 無熔式開關的安培數是否足夠			
20 遙控式或智慧型燈光,要確定線路配置與感應位置			
21 燈炮為螺旋式的結合座,要先確認孔徑大小			
22 燈泡與燈座的接合是否確實,若無燈泡可能會燒壞			

註:驗收時於「勘驗結果」欄記錄,若未符合標準,應由業主、設計師、工班共同商確出解決方法,修改後確認沒問題於「驗收通過」欄註記。

NOTE

Part 2

Part2 弱電

黃金準則：裝設弱電系統須考慮弱電箱是否足夠，社區配備是否到位。

早知道 免後悔

隨著科技發達，除了電器使用的強電系統外，還有因應科技產品衍生的弱電系統。所謂弱電系統包括資訊的通訊系統，例如電視、電話、網路、光纖、第四台等，還有屬於保全系統的智慧型 HA 監視系統、照護系統等，以及廣播系統、門禁系統……林林總總。

不像電視、冰箱、冷氣等電器是一般家庭都會有的配備，電力使用上每個家庭都不會相差太遠，弱電系統則因為每個家庭有各自的考量，有的裝設閉路電視，有的裝設保全系統，因此有較大的差異性。

在配置弱電系統時，首先要針對需求與環境做多方評估，例如某些舊社區並沒有光纖設備，若硬要在家裡配置光纖網路，毫無意義；還有衛星、網路、第四台等，就算還沒裝設，仍可選擇做預留出口，就可省去二次

施工，因此，列出詳細的弱電用電器表，事先做出計畫圖與計畫書，都是必要的準備。

✏ 知 識 加 油 站

弱電與強電的差別

弱電為 50 伏特以下的供電系統。弱電設備包括非常的廣泛諸如電話設備、自動火警探測設備、火警自動警報設備、信號設備、擴音設備、電氣時鐘設備、各種標示設備、緊急信號設備、汽車出入信號設備、電視共同天線設備、防犯信號設備、誘導呼叫設備等都是屬於弱電設備的範圍。

常見的弱電系統

1 通訊系統
電話、電腦注意線徑出孔位置、機能、主機位置

2 保全系統
例如閉路監視器，或可透過電話、手機撥打開啟冷氣的設備等，涉及專業性，有些與保全公司合作

👤 老師良心的建議

弱電裝置如電話、對講機完工後到木工進場前，一定要多次的測試，省得有問題又要拆木作的麻煩。

○ 電鈴

弱電計劃圖＋弱電計劃書

圖號	名　　　稱	數量	備　　　註
ⓣⱽ	電視插座		
Ⓣ	電信插座		
ⓔ	網路插座		
ⓘⒸ	對講機插座		
▣	一氧化碳偵測器		
▨	弱電箱		

符號説明表

 3 照護系統

▶▶ 包括居家安全維護、身體照顧的監視系統，適用於有小嬰兒及老人的家庭

 4 不斷電系統

▶▶ 有的屬於個人緊急專用，也有居家專用獨立發電機

備註：各種弱電系統都可以互相搭配使用，例如居家安全照護與保全系統搭配，透過影像就可以了解家裡狀況。

電話配線

電話配線與電燈配線相同，RC 建築以埋設金屬管為主，於引進管端設置橘線專用配線箱，並於各樓層的配線箱，相互配設通信用電纜，由此再配線至各電話機。

電話設置配管及配線時，除不得影響建築物安全外，也要注意以下重點：

1 要和低壓線間隔 150 公尺公尺以上

2 應與高壓線間隔 500 管

3 與天然氣和暖氣須間隔 50 公尺以上

4 電話配管不得與電力線共同使用

5 電話配管應設置於不受腐蝕、溼氣處

6 配線箱應單獨裝設安置於便利檢修地點

7 四層以上建築先埋設電話保安器接地線

8 不得將電話線配置於昇降機道內

電話數量之預估，一般依建築物之性質再以建築物之面積決定電話數。預估電話機數然後可以決定，配線電纜對數，進而決定配管管徑，PBX（建築內私設交換總機）容量，機房之大小。

火警警報設備

當火警發生時，由火警探測器測得火警迅號之後，自動送出訊號到火警受信總機，火

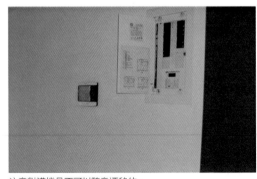

注意對講機是不可以隨意遷移的。

警受信總機接收到火警訊號之後，自動拉動警報並控制消防泵起動，進行滅火行動，若探測器尚未測得火警訊號，而被人先發現火警，這時發現火警者可壓動附近之手動警報器，其效果同火警探測器，也會送出訊號到受信總機去處理火警警報設備。

火警探測器種類很多，依據中華國建築技術規則成三類，即定溫型，差動型，偵煙型，各型應具具備之性能標準如下：

1 定溫型

裝置點溫度到達探測器定格溫度時，即行動作。該探測器之性能，應能在室溫攝氏 20 度升高至攝氏 85 度時，於 7 分鐘內動作。

2 差動型

當裝置點溫度以平均每分鐘攝氏 10 度上升時，應能在 4 分半鐘以內動作，但通過探測器的氣流較裝置處的室溫高出攝氏 20 度時，探測器亦應能於 30 秒內動作。

3 偵煙型

裝置點煙霧濃度到達 8% 的遮光度時，探測器應能在 20 秒內動作。

各型探測器在構造上須具備下列性能：

(1) 操作及保養容易，構造精密，性能正確，且能耐欠使用。

(2) 不得因塵埃、溼氣等而影響性能。

(3) 受側面氣流影響亦能發揮同樣效能。

(4) 材料應使用不易被工業用瓦斯侵蝕，且能經久不變質，不劣化質料製造。

(5) 電氣接點應有充分之密閉防塵裝置，以防止塵埃侵入而影響接點之性能。

弱電監工總整理
安裝弱電設備監工 **6** 大須知

1. 事前須先考慮弱電箱是否足夠。

2. 裝設弱電時切忌靠近強電系統，至少要與強電系統相隔 30 公分以上才穩定。

3. 強電與弱電系統要各走各的管道，才能避免干擾。

4. 施工時須考慮線路配置，要有全方位性施工計畫，避免線材曝露，影響品質。

5. 弱電裝置在裝設完畢之後，一定要在木工進場前經過多次的測試，如電話、對講機、電視訊號，避免事後拆裝的麻煩。

6. 對講機系統最好由專業廠商進行維修更新，防止自行拆裝以免造成系統的破壞。

弱電工程驗收 Ckeck List

點檢項目	勘驗結果	解決方法	驗收通過
01 弱電裝置裝設完成後須在木工進場前作多次試驗 避免事後拆裝的麻煩（如電話、對講機等）			
02 電話周邊設備線材是否正常、有無雜訊			
03 消防監測系統是否漏失、功能異常			
04 對講機系統應由專業廠商進行維護更新			
05 視訊、電視的接線是否確實			
06 各項動作是否按照水電相關圖稿施工			
07 安裝空調配線孔有無穿樑 如有弱電控制面板須事先溝通才施工			

註：驗收時於「勘驗結果」欄記錄，若未符合標準，應由業主、設計師、工班共同商確出解決方法，修改後確認沒問題於「驗收通過」欄註記。

施工前 拆除 泥作 水 電 **空調** 廚房 衛浴 木作 油漆 金屬 裝飾
▲

Chapter 06

空調工程

新買剛安裝好的冷氣怎麼吹都不冷，莫非是黑心貨？

開開心心買了冷氣，就希望炎炎夏日回到家時，能享受一室清涼，結果施工人員把冷氣裝在熱水器旁，教房間怎麼冷得起來呀？沒錯，居家空調不是買了機器來裝，就一定該冷的地方冷、該熱的地方熱，如果放錯了位置，不但家裡一邊是熱帶、一邊是南極，還多花電費傷荷包。

項目	☑ 必做項目	注意事項
認識空調種類	1 作好屋況評估，再決定安裝窗型或隱藏式風管冷氣 2 安裝前規劃風向怎，讓冷氣功能充分發揮，吹起來更舒適	1 冷氣插座電壓分 110V 和 220V，220V 安培數較小相對省電 2 想省電費，購買產品要注意能源效率比
安裝空調	1 要求施工者依各家品牌冷氣安裝手冊進行安裝 2 隱藏風管型冷氣建議每年請專人保養一次	1 出風口避免直吹人身上 2 留意新舊冷媒管，室內外機冷煤管距離不宜太遠

 空調工程，常見糾紛

TOP1 家裡的窗型冷氣不太冷噪音又大，想換冷氣卻不知怎麼挑比較好。（如何避免，見 P124）

TOP2 之前有補助節能冷氣，結果申請時說資格不符，怎樣才算省能源呢？（如何避免，見 P126）

TOP3 想省錢買了剛好噸數的冷氣，裝完吹起來一點都不涼。（如何避免，見 P125）

TOP4 在賣場買冷氣說附安裝，實際裝完要再收費用，怎麼回事。（如何避免，見 P128）

TOP5 剛裝潢完想在家好好放鬆，坐在沙發上冷氣直吹我的頭，竟然感冒了。（如何避免，見 P130）

Part I

Part1 認識空調種類

黃金準則：冷氣要會涼，購買時務必請專人評估坪數、樓高與熱源多寡。

早知道　免後悔

空調的最高境界是讓空間的每個角落溫度一致，在評估空間時，通常以 2～4 人使用為最佳的配置，一般是使用循環系統，部分採用直接吹風，有時因為裝潢造成溫度無法下降，例如在容易受熱處的窗邊裝設空調，而空調開口地方的風管沒有對準受熱處，就會讓空間變得很熱。因此，設計師規畫空間時，就要評估空調的風怎麼吹，與使用的屋主共同討論後決定安裝位置。

至於空調類型，一般分為水冷式、氣冷式、中央空調系統、冰水式、觸媒轉換系統，型式則有隱藏型、吊隱式、壁掛式、獨立落地式、配管式中央空調等，種類繁多，雖然各有各的出風方式、電路系統、排水系統及冷媒管配管系統，但不變的是，空調一定要使用專用迴路的電，不得與其他電器共用。

哪種冷氣最適合我家

1 選擇安裝傳統窗型或分離式，消費者可依需求來做衡量，若住家是 20 年以上老舊公寓再加上已有傳統窗型窗孔，可直接購買適合的窗型冷氣後，進行安裝既可使用。另外也可選擇分離式機型，由於分離式分為室內機與室外機，且壓縮機位於室外機，所以室內機較安靜。

常用空調機型

1 窗型
早期機型
有直立式、

▶▶

2 分離式
有室內機
冷媒管、排水、供電
室內機等施工上的考慮

▶▶

3 氣冷式
有立式、利用壓縮機
將冷媒透過運轉產生冷風

　　不管家中空間是否全都需要使用冷氣設備，建議都要預留好置入設備的位置，以及適合壁掛與隱藏風管型冷氣的排水管雙孔管線，如此一來日後想安裝壁掛式或吊隱式都可行。別覺得事先做好會多花錢，若裝修當下未考量進去，等到日後才想要安裝，不包含機器設備與材料費，僅木作、水電、油漆、修補、保護、清潔，就足以省下 NT.2 萬元的工程費用。

考量坪數、樓高與熱源

　　購買冷氣前一定要先看自己家中的坪數，通常 1 坪要買 500 Kcal ／ hr 的機型才能達到最佳的冷度，如果家中客廳是 5 坪，就要買 5×500 Kcal =2500 Kcal ／ hr 的冷氣機型。除了坪數大小還要加入熱源考量，若家中是頂樓加蓋、挑高樓層（例如 3 米 6），或會西曬的房子，則必須還要再增加冷房能力。

4 水冷式
▶▶ 有水塔透過風扇，將冷媒運轉時將冷空氣送出

5 吊隱式
▶▶ 為分離式將各式室內機所產生冷空氣利用室內風機分配出多出風口可隱藏可外漏

定頻變頻之間的差異

冷離式冷氣有定頻與變頻兩種款式，由於定頻有耗電與噪音等問題，使得近年來變頻式冷氣較受到歡迎，主要是因為省電、強冷、安靜且壽命長，因此接受度逐年提高。

1 對 1VS.1 對多的差別

所謂 1 對 1 是指 1 台室外機對 1 台室內機，1 對多則是 1 台室外機對多台室內機，選擇安裝 1 對 1 或 1 對多，必須考量安裝地點以及是否有足夠空間擺放室外機等，例如都會地區高樓大廈越來越多，但擺放室外機的空間有限，相對室外機所佔用的空間就要愈少愈好，此時就可使用 1 對多較適合。

EER 值愈高愈省電

能源效率比 EER（Energy Efficiency Ratio）值，是以冷房能力除以耗電功率 W。以敘述說法可說為，冷氣機以額定運轉時 1w 電力 1 小時所能產生的熱量（kW），EER 值是代表冷氣效率的重要指標，此值愈高即愈省電。

🖊 知 識 加 油 站

能源效率分級標示制度
經濟部自 99 年 7 月 1 日起實施冷氣機與電冰箱之能源效率分級標示制度，空調省電級數分為 1～5 級，級數越高越環保。透過此標示使消費者能清楚辨識產品能源效率，也能有效選擇節能省電的綠色產品，所以購買應多加留意。

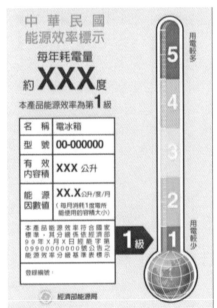

能源效率分級標示

別忽略冷氣插座電壓

在台灣一般住宅的電力配置以單相 110V 和 220V 電壓為主，380V 大都是商業用電或工業用電所使用。除非是老舊房子沒有 220V，必須購買 110V 的冷氣，否則建議購買 220V 的冷氣機種，用電安培數較小相對較為省電。

NOTE

Part 2

Part2 安裝空調

黃金準則：空調務必使用專用迴路的電源，機器嚴禁裝在鋁門窗上。

早知道 免後悔

各個品牌的空調都有各自的專業技師、承裝人員，雖然不用證照，但也要經過品牌培訓，才能為客人服務。專業空調技師主要評估該空間的熱源數量多寡、門開啟的位置、太陽西曬或熱水器的影響，以及窗戶面積大小、開口大小，還有日照長短等因素，才能決定一個空間裡空調機器設備的多寡。其中糾紛最多的是因為沒有做好環境評估，包括空間裡有有多少熱源、太陽照射度及時間長短等，有時同樣 5 坪房間，所需要的空調噸數卻相差 0.3 噸，明顯就是因為熱源不同所致。

空調管線的配置牽涉到結構木工、隔間等工程，在安裝前就要先溝通完成，提出計畫書及計畫圖是比較保險的做法。施工過程有基本的手冊，配件也要注意，有時技師會建議適當裝設遮風簾避免冷暖氣外洩，或裝設二進式空間，例如在玄關區，也可以有省電效果；此外因為有回風，部分會做遮風板擋住，但設計時要小心，不然會減少機器壽命。

總之，進氣、排氣之間要做好規畫，切記要預留適當維修計畫與系統，尤其是隱藏式維修保養更要預留空間。

空調安裝隱藏 2 大報價，管子越長成本越高，而不鏽鋼板、不鏽鋼螺絲又比鍍鋅鋼板價格高昂，業者所說的標準安裝，都不包含上述管子與支架費用。

安裝空調停看聽

1 評估空間大小

室內坪數 屋高
其他共同空間

2 使用人數

空間人數多寡
如商業空間
如教室會議室

3 熱源多寡

煮咖啡機 燈具
冰箱 電磁爐
電熱所產生的熱源
窗戶的透光面積

老師良心的建議

就算有冷氣機專用平台，安裝室外機仍要確實鎖好固定，不然遇上地震或颱風，恐有掉落危險。

空間	坪數	坐向	窗戶/m2	品牌	型號	管材	管距	取孔數	工作架材	熱源區
備註										

承包商		TEL		管理員		TEL	
技師		TEL		設計師			

空調安裝計畫書

留意新舊冷煤之分

由於冷煤管有新舊之分，舊式冷煤管為 R-22 專用管、新式冷煤管為 R-410A 專用管，新舊式因厚度使得耐壓情況不同，新式材質較厚，相對較耐壓。因此，若要做預留管線動作，一定要留意所使用的冷煤管型式，才不會發生等到一、兩年後，想安裝空調冷氣設備時，多數產品已不適用舊冷煤管的情況，得全部拆除重新配管，光是工程費用又得再花上一筆。（註：響應環保政策於 100 年 1 月 1 日起 R22 系統系列產品不予生產。）

新式冷媒管。

 4 開窗開啟位置

向西方向的開口
如窗戶、門

5 日光照射時間

頂樓、無遮蔽的外牆

 6 決定出風口位置

如有無循環的效果是否為熱源

安裝空調除了機器的報價，還有許多隱藏報價，不可不慎。首先空調線路須配置管線包覆，管子越長成本越高，事先要溝通討論清楚；而管材本身材質也有差異，重點在於內管保護裝置耐用度，接管過程則各有品牌的技術規則，由每個品牌認定的技師安裝較保險。

其次是室外機的安裝，以安裝人員的安全與事後維修安全方便性為前提，但不能影響到整棟社區大樓的外觀及機能性；由於牽扯到規格安全，建議儘量由空調廠商提供安全防護設備如按裝施工架平台。

安裝冷氣注意事項

1 **環境適當評估**	評估該空間的熱源數量多寡，再決定空調種類。
2 **使用獨立電源**	不得與其他電器併用。
3 **室外建材防鏽**	防止天候因素造成機器鏽蝕掉落。
4 **注意隱藏報價**	管子及支架通常不在標準安裝內，材質也是一分錢一分貨。

必知！建材監工驗收要點

安裝機器時，與所有室外建材考慮氣候因素一樣，由於天氣會造成金屬表面的鏽蝕與結構上的變化，強烈建議使用不鏽鋼螺絲、不鏽鋼板，如果採用鍍鋅鋼板，很容易因為鏽蝕出現掉落問題，一分錢一分貨，任何機器配件都要防鏽耐候材質，比較有保障。

■ 窗型冷氣安裝重點

1 考慮周邊防水處理

嚴禁安裝在鋁門窗上，儘量裝在結構體磚牆或 RC，否則容易造成漏水，甚至整個機器掉落，或被颱風打落。

2 計算平台承載率

這不是開玩笑，曾經拆過窗型冷氣，師傅只拔出 4 個生鏽的螺絲，冷氣只被「放」在冷氣平台上，而不是「鎖」在平台，一遇地震或強大風雨，造成的傷害難以估計。

3 防水填充材要慎選

除了要鎖緊，周邊防水填充材也要儘量使用不會產低頻聲音的產品，減少噪音。

■ 壁掛式冷氣安裝重點

1 安裝時要依安裝手冊程序安裝

安裝過程需要時間、材料費，這些都不能省，但有可能施工人員會在安裝過程偷工減料，這些都是消費者必須睜大眼睛注意的地方，建議進行安裝時一定要要求施工人員依照各家品牌冷氣的安裝手冊來安裝，能有多一點的保障。

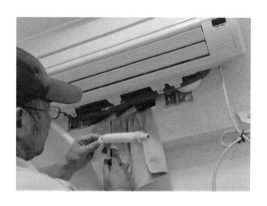

2 室內外機冷媒管距離不宜太遠

分離式冷氣機之室外機應盡可能接近室內機，其冷媒連接管宜在 10 公尺以內，並避免過多彎曲，否則會大幅降低冷氣機能源效率。

3 出風口避免直吹人身上

一般施工人員為了好安裝，很容易忽略這項細節，安裝時要留意出風口位置，是否會直吹到人身上，以客廳為例，人通常會坐在沙發上，因此就不應設置在沙發區，設置在沙發兩側的壁面是最佳位置。

4 出風迴風口不要有高熱源物體

安裝冷氣時要留意，在室內機出風、迴風口前面，盡量不要有高熱源的物體，例如電燈、藝術燈，也不要有橫梁，才能讓出風、迴風更順暢。

5 留意新舊冷媒管的使用

目前冷媒管已全面換新式，因新冷媒的壓力大於舊冷媒的 1.6 倍，所以冷媒管的管徑厚度，要求為 0.8mm，在安裝時冷媒管外的被覆保溫層上有註明新冷媒專用。

6 留意機器的水平高低

室內機水平傾斜超過 5 度以上，容易造成冷氣傾斜漏水或冷氣排水管不順造成漏水，因此要多加留意。

7 冷媒未運轉測試至定量

冷媒系統需使用專用壓力表檢測，太多需要回收，太少需要補充，冷媒噸數太低會造成結冰影響風量，太高則會使得壓縮機運轉電流上升、冷氣不冷等問題，因此要測量到適合的冷媒噸數量，才能避免這些問題發生。

■ 安裝吊隱式冷氣小叮嚀

1 認識隱藏風管型冷氣設備

包含室外機、隱藏於天花板的室內機、風管以及出風口與回風口。

2 空調與木作工程要銜接

　　確定好冷氣型式、尺寸與擺放位置後，首先空調工程師傅會先安排冷媒管與排水管線位置，接著將室內機吊掛於天花板上，並將冷媒管與排水管銜接到室內機上，之後分別安裝集風箱與導風管，在安裝完導風管時，換木作工程師傅進場，以角材骨架施工製作天花板，並在封面矽酸鈣板前安置出風口減速箱，安裝完後才進行封面動作，最後則是設置線形出風口與安裝室外機。

3 留意天花板是否有樑

　　有樑就會影響室內機擺放的位置，連帶使得裝置管線時，會有繞樑的情況，管線繞過樑必須得多出 5 ～ 15 公分的空間，會使得天花板高度相對縮減，一旦影響空間高度就容易產生壓迫感。

4 高度不到 2 米 6 不建議安裝

　　由於內機本身有厚度，再加上天花板還需要預留 40 ～ 60 公分的深度來做包覆，因此，當內機架於天花板並完成封板後，天花板完成面到地面的相對高度若未達 2 米 6，較不建議安裝，因為空間高度不夠，既壓迫，使用上也不覺得舒適。

5 一次安裝到位省下萬元管路費

　　建議在安裝隱藏風管型冷氣前，就該規劃好要安裝的空間，若因為預算不足有一個空間未安裝，等到日後再來裝置，光是一套的管路電線費用就需要花上 NT.15,000 元左右，因此事前做好規劃就能省下這筆費用。

6 預留維修孔，不再多花拆除費

　　隱藏風管型空調必須依照規劃預留維修孔，一般常見維修孔為 30 公分 ×60 公分與 30 公分 ×30 公分，另建議可安裝尺寸為與隱藏風管型室內機尺寸再加 30 公分，維修上更方便。若未預留維修孔，不僅會造成無法定期清潔空調設備，若哪天機器壞了，就會必須得靠拆除裝潢的情況來進行維修，光是一人一天的拆除費就是 NT.3,000 元上下，若天花板不好拆除，費用還可能再往上加。

7 吊隱式冷氣由專人保養

　　隱藏風管型冷氣不建議自行清潔保養，建議每年請專人進行一次以上清潔保養，既能呼吸到乾淨空氣，對機器而言也能延長它的使用壽命。

8 日後安裝建議裝設同品牌產品

　　一旦預留位置確定、各式空調管線預留配置完成，日後安裝就只能安裝同型號產品或同品牌產品，因為同品牌產品的管線變化不大，就算沒有完全相同的產品，也能找到相似型號，安裝上問題較不大。較不建議使用不同品牌產品，是因為會遇到尺寸不一、管線不同的情況，如此一來又需要重新變動位置、更換管線，同樣得再支付另一筆費用。

空調工程驗收 Ckeck List

點檢項目	勘驗結果	解決方法	驗收通過
01 由品牌專業技師評估環境，熱源過多會影響冷氣大小			
02 所有配置是否按照計畫圖稿施作			
03 確實檢查所有管線有無符合政府認證標			
04 配線時需確實注意線材保護與固定			
05 必須使用獨立電路，不可與其他電器共用電源			
06 室外機安裝有無支架，即使有平台也要加以固定			
07 室外機固定是否使用不鏽鋼板及螺絲，若採用鍍鋅鋼板，容易有鏽蝕問題			
08 安裝空調配線孔有無穿樑，切勿破壞結構體安全			
09 排水孔位置是否恰當，尤其是落地式空調，須注意美觀			
10 是否預留維修管道及空間，方便事後維修			
11 有無加裝遮風板、遮風簾，位置是否OK，避免影響出風口，造成機器壽命減短			

註：驗收時於「勘驗結果」欄記錄，若未符合標準，應由業主、設計師、工班共同商確出解決方法，修改後確認沒問題於「驗收通過」欄註記。

施工前　拆除　泥作　水　電　空調　**廚房**　衛浴　木作　油漆　金屬　裝飾
▲

Chapter 07

廚房工程

從空間實際條件和預算，規劃廚具、設備及五金收納。

廚房空間在整體居家空間中，雖然佔的坪數不大，但由於具有強大的功能性，同時也是家中設備最多的地方，因此，如能打造一個符合實際需求的廚房空間，選對適合自己的設備，不但提升廚房的效能並提升生活的品質，同時也可為生活帶來更多的樂趣。

項目	☑ 必做項目	注意事項
廚具安裝	1 根據自己的預算一一列出材料表，所有的材料眼見為憑 2 安裝要牢固，五金要慎選	1 想要確認不鏽鋼面板的厚度，可用磁鐵試驗，如果會吸附則代表不夠純
設備安裝	1 抽油煙機使用專電源及專插，並依說明書規定選用線徑 2 洗碗機、烘碗機位置，要符合人體工學及家務動線	1 抽油風管管尾是否加防風罩，孔徑大小要適當 2 設備若有橡膠類物件，耐熱性要足夠

廚房工程，常見糾紛

TOP1 工班建議裝人造石檯面說很耐用，用了一個月竟然裂開！（如何避免，見 P139）

TOP2 廚具桶身材質好多種，廠商一直鼓吹我用比較貴的不鏽鋼材質。（如何避免，見 P136）

TOP3 找人來做廚房吊櫃，裝完放進東西，晚上就砸落，還好沒砸傷家人。（如何避免，見 P139）

TOP4 嚮往歐式開放式廚房，裝了歐式抽油煙機，每次煮飯整間都是油煙。（如何避免，見 P145）

TOP5 我的身高比較高，但廠商說廚具高度是固定的，每次洗碗都要彎腰。（如何避免，見 P138）

Part 1

Part1 廚具安裝

黃金準則：貨到施工現場全部都要檢查，完工後一定要附上材料表核對。

早知道　免後悔

老婆身高 150 公分、老公身高 180 公分，請問，廚具安裝高度以誰為準？訂購了高檔抽油煙機、烘碗機，結果等到廚房裝修完工後，保固期竟然剩不到半年？！所有的櫃面採用高級鋼琴烤漆，看起來華麗又時尚，沒想到清潔時沒注意，被一個 10 塊錢的菜瓜布毀了！廚房空間在整體居家空間中所占的坪數越來越多，功能性也越來越強大，卻也是糾紛多、又讓人愛之深責之切的地方。

俗話說貨比三家不吃虧，廚房工程更是如此，由於廚具設計屬於專業範疇，因此設計人員的素質非常重要，他們對於各項零件、配件都必須相當熟悉，消費者不妨拿著用同樣的問題，至少找 2、3 家去談，看看設計人員是否對房子現況具有敏銳度，有沒有特別針對排氣、排水、熱源等狀況做了解，就可看出人員的專業與否。曾經有廚房裝修，使用天然瓦斯的卻安裝到液化瓦斯熱水器，而壁面龍頭鎖到檯面龍頭，更有廚具做好後整個吊櫃掉下來的，因為櫃子鎖在輕隔間而非 RC 隔間，這些都是因為安裝人員不夠用心不夠專業所致。

同樣的廚房工程，有人花 5 萬元裝修、有人花 8 萬元才搞定，由於涉及櫃子材質、門板材質、檯面材、五金，還有廚房三機（瓦斯爐、烘碗機、抽油煙機）等價差太大，最能避免糾紛的方式就是根據自己的預算一一列出材料表，而且所有的材料眼見為憑。

廚具的組成元素

1　檯面

天然石、大理石、不鏽鋼、人造石、石英石

▶▶

2　櫥櫃桶身

木心板、塑合板、不鏽鋼

👷 老師良心的建議

廚具材料和三機等設備的說明書，切記要全部看過搞清楚。

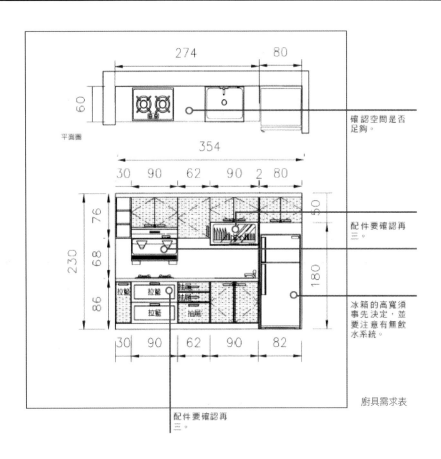

平面圖

確認空間是否
足夠。

配件要確認再
三。

冰箱的高寬須
事先決定，並
要注意有無飲
水系統。

配件要確認再
三。

廚具需求表

廚具流理檯高度**80～90**公分，與上下
櫃中間高度**60～80**公分，依使用者身
高及習慣而訂。

3 門板

▶▶ 鋼琴烤漆、實木、
強化烤漆玻璃、
不鏽鋼、美耐板

4 水槽

▶▶ 不鏽鋼、人造石、
琺瑯

5 五金

▶▶ 隔板粒、鉸鏈、
抽屜滑軌等

廚具規格依空間和使用者設計

不管家庭有無開伙，廚房永遠都是家的重心之一，所以即使價錢稍貴一些，選擇有品牌的廚具機器比較有保障。由於廚具至今沒有統一規格，每個家庭的所需尺寸都不同，所以準則是：「先有空間再要求設備，配合圖形再安裝」。

在裝修廚房前，最好先請專業人士列出房屋現況列表，尤其排氣（抽油煙機）、排水（水管及水槽等）及熱源（包括瓦斯、燈具）方面要做出完善的規畫，才能方便使用。

廚具尺寸和設計需符合空間條件。

木座吧檯結合廚具一體成型。

一般說來，廚房工程糾紛最多會在材質，尤其是五金類的拉籃、絞鍊、滑軌、刀叉盤等，消費者最好斟酌自己的預算，五金配件買得多不見得好，主要看空間是不是符合需求，而且防水防鏽的材質就比一般塑膠貴上好幾倍，貨到時，每個材料的品牌、尺寸、顏色及使用方式都要確認。有了房屋現況表及廚具需求表後，就可以繪製出廚具平面、立面建議圖，標明電源控制，進出水，排氣系統與流向等，以及爐具要單口或雙口、抽油煙機及上櫃高度多少、預留多大的冰箱空位等。

✎ 知 識 加 油 站

廚具的常見高度

一般而言，廚具流理檯高度約 80 ～ 90 公分，上下櫃中間高度約 60 ～ 80 公分，主要還是要依使用者的身高及習慣來決定。

認識水槽種類

有單槽、雙槽或多槽，還有另外加上廚餘槽等多種選擇，也可增加攪碎機、過濾器，或與飲水系統結合，材質以不鏽鋼或鋼板烤漆較多，還有琺瑯材質也相當受歡迎。

不定時檢查水槽接合處，如排水緩衝器與水龍頭、水槽與檯面結合處，是否有裂縫或開口造成漏水，琺瑯型水槽若有裂縫，可使用塑鋼土或琺瑯漆修補。

水槽驗貨法則

尺寸大小是否合適→材質特性要慎選→進排水位置要注意,排水管須耐熱材質→鋼板厚薄大有關係→要有金屬材質的排水緩衝器。

認識廚具檯面種類

分為人造石、珍珠板、美耐皿板、不鏽鋼以及石材等多種材質,質感、耐用度及價格天差地遠,大部分都以預算作為考慮選購的出發點。若選用石材,則要注意底下木櫃的支撐度;選用人造石則要注意耐熱度問題;想要確認不鏽鋼面板的厚度,可用磁鐵試驗,如果會吸附則代表不夠純喔。

「熱」與「尖銳」是面板 2 大殺手,剛滾的湯鍋,或是銳利的刀具在檯面上做切、剁的動作,都會造成檯面損壞,難以補救。

檯面驗貨法則

確認材質特性→搭配性要夠→毛邊確實處理→一體成形要注意彎曲處的紋樣。

認識廚具五金種類

大部分可分為櫃內式以及外掛式,主要可輔助收納、增加使用方便,材質多為不鏽鋼與鐵製電鍍品,也有有鋅鋁合金、強化塑膠等材質。須注意的是吊桿、桿類的荷重性是否足夠,線材類的焊接點是否有確實,橡膠類物品是否容易剝落、老化。

安裝櫃內五金配件,注意潤滑與平整度等,包括滑軌、滾輪或滾珠等,選用不鏽鋼材質較耐用,若材質為鐵製,表面的防鏽處理要確實。

五金驗貨法則

以需求為購買考量→確認實際功能→注意結合方式→防鏽處理要確實→滾輪承重力要足夠。

下櫃與吊櫃間的牆面最容易卡油垢,是否有完整規畫,須事先溝通。

廚房監工總整理
廚具設備監工**10**大須知

1 貨到全部檢查,不鏽鋼板厚度不同,有些只有專業人士才看得懂,完工後一定要附上材料表核對

2 管子是否拗折,檢查所有管子有無產生過度彎曲或皺折,尤其是空氣類的管子,以免日後容易漏氣

3 門板接合密實,每個門板接合度的密度要夠,是否完全密合,櫃子與牆壁是否打矽力康完全密封

4 防水阻水過程是否流暢,特別注意水槽與人造石結合處是否打上矽力康,必要時在水槽放水觀察

5 廚房 3 機是否牢固,抽油煙機有無異聲?吊掛性櫥櫃及五金每個螺絲是否穩固

6 下櫃與吊櫃間的牆面最容易卡油垢,是否有完整規畫,須事先溝通

7 廚房容易受潮,所以飲水機、烤箱、微波爐等電器都要選有漏電保護裝置的設備,比較保險

廚具工程驗收 Ckeck List

檯面點檢項目	勘驗結果	解決方法	驗收通過
01 確定板類厚度，以及基本的材質			
02 石材檯面若為 L 型檯面防水要確實			
03 爐台木作櫃支撐力要夠並具防水處理			
04 人造石檯面耐熱度要足夠，若無則易生裂縫			
05 人造石檯面毛邊要處理乾淨			
06 不鏽鋼檯面可用磁鐵檢驗不鏽鋼純度			
07 不鏽鋼檯面的板與板結合點，可以整體滿焊式讓焊接確實			
08 美耐皿檯面的基材要具防水功能			
09 封邊處理若使用 PVC 等，結合要確實			
10 美耐皿檯面的底才是否為防潮性板材			
11 美耐皿檯面板面切割面的防水收邊是否有確實處理			
12 珍珠板檯面若為一體成形要注意彎曲處的紋樣不可被破壞			
13 安裝時應確實確認廚具檯面水平度			
水槽點檢項目	**勘驗結果**	**解決方法**	**驗收通過**
01 選購的尺寸大小是否與空間吻合			
02 進、排水位置是否符合設計，水槽安裝後應確實多次測試排水功能的順暢度			
03 水槽與檯面要注意邊緣的防水處理			
04 下嵌式水槽與檯面間結合是否固定			

註：驗收時於「勘驗結果」欄記錄，若未符合標準，應由業主、設計師、工班共同商確出解決方法，修改後確認沒問題於「驗收通過」欄註記。

	勘驗結果	解決方法	驗收通過
05 注意扣具足夠支撐承接水後的重量			
06 瑯陶瓷類材質的厚度、塗裝是否經過良好處理			
07 使用金屬材質的排水緩衝器			
08 緩衝器的配件注意止水墊片是否固定			
09 水槽底部排水孔結合是否確實			
10 排水管是否為耐熱性材質			
五金點檢項目	**勘驗結果**	**解決方法**	**驗收通過**
01 廚具五金的結合方式與使用空間或結構的材質是否符合			
02 滑動型如滑軌若材質為鐵製，表面的防鏽處理要確實			
03 所有五金配件須確認防鏽、順暢度、平整度			
04 置重物型的滑軌及滾輪可否承受重量			
05 金屬線材質結合要確實			
06 外掛式五金配件是否確實無缺少			
07 線材類的焊接點是否有確實			
08 吊桿、桿類的荷重性要足夠			
09 與結構體如櫃體、牆壁結合要確實			
10 廚具五金配件等依人體工學、使用習慣並和安裝人員達共識			

註：驗收時於「勘驗結果」欄記錄，若未符合標準，應由業主、設計師、工班共同商確出解決方法，修改後確認沒問題於「驗收通過」欄註記。

綜合點檢項目	勘驗結果	解決方法	驗收通過
01 廚具安裝前管線徑是否足夠避免事後增加附屬設備			
02 安裝上方吊櫃與使用者適用的高度			
03 吊櫃的載重力與固定是否確實			
04 確認門板與櫃子的密合度，忌離縫造成害蟲侵入			
05 中島型廚具要確實注意水電管的配置是否合宜包含所有插座、排水、進水等			
06 測試各接點、接頭是否固定不得有任何鬆動			
07 廚具所有的保證書確實收及保留方便事後維護工作			
08 所有廚具應事先演用試用，入宅交接時應注意相關事項			

註：驗收時於「勘驗結果」欄記錄，若未符合標準，應由業主、設計師、工班共同商確出解決方法，修改後確認沒問題於「驗收通過」欄註記。

Part 2

Part2 廚房設備安裝

黃金準則：喜歡大火快炒適合瓦斯爐，習慣少油煙料理，可選電陶爐或電磁爐。

早知道　免後悔

現代大眾多傾向選購節能省電的設備，廠商也研發更多符合環保訴求的設計，如內焰式瓦斯爐，強調火力更集中，能縮短烹調時間，無形中達到節能目的，此外針對爐具的安全性，目前也有防空燒設計及瓦斯熄火自動切除裝置的產品，加上近年政府致力推動節能標章認證，不少國產品牌也獲得政府認證，不一定要花大錢購買進口品牌。

認識瓦斯爐種類

　　可分為瓦斯型與電熱型，通常瓦斯型較多，瓦斯有獨立、檯面與下嵌式等3種，爐口從單口到5口都有，可因需要做選擇。至於電熱式的是利用電離子原理產生熱度，並使用不同金屬材質產生直接性的加熱。爐面可分為玻璃、不鏽鋼、漆質等多種面板，除了注意好清理外也要注意耐熱度，避免邊緣性的撞擊、爆裂。

廚房施工常見糾紛

 材質糾紛

事先沒有講好材質，例如烤漆色澤會有色差，或是設計人員沒有了解使用者的基本素求

▶▶

 機能糾紛

抽油煙機安裝得太高或太低，冰箱打開會卡到櫃門等

▶▶

老師良心的建議

抽油煙機不能只看美觀，要符合料理習慣選購適合設備。

此外，安裝後需不定期檢查瓦斯爐是否燃燒完全，若是黃色火焰過多，就要請專業人士檢查調整。

瓦斯爐驗貨法則

注意有無檢驗標章→選購有口碑的品牌廠商→了解瓦斯爐的熱源→購買產品要注意出廠與檢驗時日。

認識抽油煙機種類

可分為吸頂式、壁掛式以及下抽式等3種，有不鏽鋼面板、烤漆面板等選擇，若是安裝漏斗式、倒T型的抽油煙機，要考慮空間現況，千萬別被廚具公司的展示櫃迷惑，造成實際安裝時的空間與整體美感的落差。

抽油煙機儘量用專用電源及專用插座，並依照說明書規定選用線徑；安裝後要隨時檢查抽風管是否有過度的油污或卡垢的情況，可請專業清洗人員處理。

抽油煙機驗貨法則

選擇良好的品牌與廠商→確認設備與使用空間相符→確認供電無誤→確認機種的性能→照明設備要先確認→集油杯與橡膠類材質要耐用耐熱→排油煙管勿用塑膠材質

抽油煙機要安裝在瓦斯爐正上方，距離要考量機種吸力。

3 責任歸屬	▶▶	**4** 養護糾紛	▶▶	**5** 保固糾紛
遇到瓦斯管、抽油煙機管、水電安裝等必須結構性的洗洞，以及增加或到移動電源設備等費用，不含在安裝費用		廠商沒有說明清楚，致使用者以菜瓜布刷洗烤漆面板造成損壞等		三機調貨、特殊材質門板加工方式不同，交貨時間點不同，影響保固期

備註：機械性的三機都有保固維修，但保固期與裝潢完工期中間會有日期落差，須注意庫存貨會出現維修問題。

認識烘碗機種類

一般說來有懸吊式以及落地式 2 種，基本上為餐具的烘乾使用，並透過紅外線等特殊設備殺菌，另也有儲放餐具的功能。安裝時要注意尺寸，避免拿取餐具困難，而經常使用的掀板或門板，則要注意材質以及絞鍊、轉軸處是否耐用。

安裝時要確定機器與牆壁的結合是否牢靠，避免脫落；完工後，記得將安裝手冊及產品保證書保留起來，以利日後維修。

烘碗機驗貨法則

選擇好的廠牌→確認產品功能→配件使用不鏽鋼材質→材質要具耐熱功能→控制面板好操作→確認有斷電裝置→燈泡拆換容易。

NOTE

廚房設備監工及驗收 **Ckeck List**

瓦斯爐點檢項目	勘驗結果	解決方法	驗收通過
01 確認有無合格的檢驗標章			
02 了解瓦斯爐所使用的熱源			
03 爐口金屬邊緣是否修飾圓潤避免刮傷			
04 烤漆面板表面是否做好烤漆處理，如無則易生鏽			
05 鎖螺絲的結合點與爐櫃確實鎖合			
06 爐架的座與腳是否有確實結合			
07 鑄鐵類材質是否有防鏽與耐熱處理			
08 爐頭電鍍表面處理是否確實耐用			
09 電子開關是否經過檢驗並附有標章			
10 夾具與瓦斯管要固定，可避免瓦斯外洩			
11 電熱式瓦斯爐若為爐具連烤箱，則要預留正確散熱位置			
12 電磁波要經過相關單位的檢驗			
13 使用專用的插座			
14 器具操作的開關或旋鈕安裝確實			
16 瓦斯爐旁與邊緣不得置放易燃材質			
17 瓦斯總開關位置是否方便操作			

註：驗收時於「勘驗結果」欄記錄，若未符合標準，應由業主、設計師、工班共同商確出解決方法，修改後確認沒問題於「驗收通過」欄註記。

抽油煙機點檢項目	勘驗結果	解決方法	驗收通過
01 安裝後要測試馬達運轉是否順暢			
02 板與板的結合面要密合無縫隙，縫隙過多會卡油			
03 活動式擋煙板動作是否靈敏			
04 集油杯材質要耐用耐熱			
05 不鏽鋼材質要確認純度是否足夠			
06 結合面要使用不鏽鋼螺絲			
07 塑膠與橡膠類材質是否有耐熱功能			
08 排油煙管接頭位置要固定			
09 櫃體與抽油煙機結合要確實			
10 水自清式的抽油煙機可有滲水情況			
11 排油煙管避免用塑膠材質			
10 抽油煙機的排油管是否皺摺彎曲			
11 抽油風管有無穿樑打洞			
12 抽油風管是否使用金屬材質避免發生火災			
13 抽油風管管尾是否加防風罩，孔徑大小是否適當			
14 抽油煙機與爐具是否相對稱			

註：驗收時於「勘驗結果」欄記錄，若未符合標準，應由業主、設計師、工班共同商確出解決方法，修改後確認沒問題於「驗收通過」欄註記。

洗碗機、烘碗機機點檢項目	勘驗結果	解決方法	驗收通過
01 選購前要注意空間的管線，廚具的尺寸等是否相符合			
02 確認進水、排水位置高度			
03 配施工前要先確認電源使用種類為 110V 或是 220V			
04 旋轉噴水式的灑水頭出水要順暢，旋轉要靈敏			
05 選購前要了解產品功能及基本材質			
06 依照人體工學來選擇安裝高度			
07 配件使用不鏽鋼材質並不可有毛邊			
08 鉸鍊、轉軸處是否耐用			
09 接水板清理要方便，若無則易藏污納垢			
10 確認有斷電裝置避免電路過窄			
11 如有橡膠類物件，耐熱性要足夠			

註：驗收時於「勘驗結果」欄記錄，若未符合標準，應由業主、設計師、工班共同商確出解決方法，修改後確認沒問題於「驗收通過」欄註記。

施工前　拆除　泥作　水　電　空調　廚房　**衛浴**　木作　油漆　金屬　裝飾
▲

Chapter 08

衛浴工程

安全設計不可少，再依居住成員及喜好挑選設備，提升使用舒適度。

浴室空間與人的生活息息相關，因此衛浴設備的選擇以及使用上是否方便，自然也關乎浴室空間是否能為居主者帶來最大的舒適度。衛浴設備的種類相當多樣，馬桶、浴缸、臉盆除了各有不同的造型之外，也具有不同的功能與設計方式，選購時除了實用功能的考量外，也可在風格上多做考慮，以營造 出最舒適的衛浴空間。

項目	☑ 必做項目	注意事項
衛浴設計須知	1 浴室要注意防滑及行進動線、門片尺寸 2 洗臉盆、浴缸注意整體高度關係，排水量寧可大不可小，配管時就要做好確認	1 馬桶管徑的遷移，將牽涉到地面墊高而產生載重性以及防水的問題 2 各種器材的選擇都在水電圖完成前做好確認，避免事後改管
衛浴設備安裝	1 視個人需求選擇設備等級，免治馬桶、按摩浴缸等 2 安裝時要注意做好空間及設備的保護措施，避免造成損傷	1 配件的位置既要使用方便，也須注意「動線」 2 留意購買產品是否有標準檢驗標章

 衛浴工程，常見糾紛

TOP1 才裝潢好浴室，媽媽來住就在浴室摔傷了！（如何避免，見 P153）

TOP2 興沖沖地買了免治馬桶座，想安裝時才發現浴室插座不夠。（如何避免，見 P153）

TOP3 做了細框的玻璃淋浴間，開關門時感覺有點搖晃不穩，會不會掉下來啊。（如何避免，見 P157）

TOP4 買了進口水龍頭設計感十足，安裝後用不習慣，經常燙到手。（如何避免，見 P159）

TOP5 小套房沒陽台，電熱水器得裝在浴室裡，會不會不安全啊。（如何避免，見 P162）

Part I

Part1 衛浴設計須知

黃金準則：浴室意外多，設備的豪華絕對不如使用安全性的重要。

早知道　免後悔

花了大把鈔票購買最先進的免治馬桶，結果馬桶附近完全沒有插座可用，還要接一條醜醜的延長線？OMG！80歲阿嬤要洗澡，新整修好的浴室裡不但沒有扶手，連浴缸都是架高的，教阿嬤自己怎麼跨進去？浴室與廚房一樣，都是家裡最常發生意外的地方，在整修之前做好完善的規畫，尤其有老人或小朋友的家庭，設備的豪華與否比不上安全性的重要，切記！

越來越注重生活品質的現代人，待在浴室裡的時間也越來越長，浴室已漸漸跳脫單純清潔的功能，反而增加了放鬆紓壓的情境需求。由於它與人們生活息息相關，因此衛浴設備的選擇及使用上方便與否，都會影響舒適度，而無論浴室如何變化，裝修浴室第一重要的工作就是：做好防水。浴室裡用水量大，也會用到電，漏水＋漏電可能引發致命危機，而光是漏水就可能導致房屋損害，嚴重時還會與鄰居產生糾紛，不可不防。

裝修浴室之前建議先列出各項設備的採購表，包括：馬桶、臉盆、浴缸、淋浴設備、配件、肥皂盒、毛巾架等。以馬桶而言，排放尺寸就分為25、30、40公分，如果裝設位置不對，必須加裝偏移管，容易滲漏水問題，所以在設計圖上就必須明確定出尺寸及位置圖。

舉例馬桶有各式種類、品牌、型號、顏色、安裝標準尺寸、排水量、相關配件，免治系

更改浴室停看聽

1 更改浴室位置

首先考慮各種管徑排水系統以及汙廢水系統，最大的重點在於馬桶管徑的遷移，將牽涉到地面墊高而產生載重性以及防水的問題。

▶▶

2 確認安裝水電圖

各種器材的選擇都在水電圖完成前做好確認，避免事後改管，各式電線都要有防水、防潮措施。

🧑 老師良心的建議

即使再節省空間，把洗衣機擺放在浴室，也要避免邊淋浴邊洗衣服，否則容易感電出意外。

統也越來越普遍，安裝尺寸、規格是否可以符合家裡的需求，有些免治馬桶是附加式的，有些是專用的，安裝前要考慮浴室現況，是否需要加裝馬桶專用插座等，這些則要列在空間檢查表裡。有許多案例是馬桶裝好後，浴室的門竟然沒辦法全開，還有浴缸裝設與水管對位沒有對好，偏移了！最恐怖是按摩浴缸會漏電，這些都是因為沒有事先做好空間規畫及水電配置。

另外，家裡有老人家者，要注意無障礙設施的設計，有無加裝扶手、防滑設備等，因此就算浴室空間再小，也都要事先做好空間檢查，才能做出方便使用又安全的浴室。

衛浴需求表

工程負責人：　　　　　　電話：2665-00XX　　　　　　緊急聯絡電話：0918-543-XXX

空間名稱：主浴

品名	品牌	顏色	材質	尺寸	型式/號	數量	單價	總價	備註
馬桶	HCG	米		715mmX415mmX400mm	S802Adb	1	20000		
洗臉盆	HCG	白		49mmX49mmX185mm	LF105Adb	1	8200		
拉門									
浴缸	Shin Lung	白	FRP	188mmX188mmX59mm	SL-8575	1			
蒸氣機									
臉盆水龍頭	HCG	銀白	鍍鉻		LF580	1	8600		
沐浴水龍頭	Shin Lung	銀白	鍍鉻		SL-1671	1			
肥皂架									
毛巾架									
漱口杯架									
衛生紙架／盒									
安全扶手	Shin Lung	白	壓克力	418mmX58mm	SL-003-1	2			
抽風機									
乾燥機									
臉盆浴櫃	HCG		木質	W1050xH690XD460	F105Q	1	27700		
置物鏡箱									
蓮蓬頭									
熱水器									
浴簾布									

以現場實品、目錄照片為準

衛浴空間檢查表

---

3 確認進水高度

▶▶ 洗臉盆、浴缸等要注意整體高度關係，水管與壁排水孔要確實結合與防水，才能避免進水時發生漏水的情況。

4 確認排水量

▶▶ 洗臉盆、浴缸的排水量大小在配管時就要做好確認，寧可大不可小。

Part 2

Part2 安裝衛浴設備

黃金準則：喜歡大火快炒適合瓦斯爐，習慣少油煙料理，可選電陶爐或電磁爐。

早知道　免後悔

衛浴空間雖小，但是所使用的器具卻不少，從浴缸的安裝、乾溼分離的設計、SPA
設備的使用到馬桶臉盆的挑選，每一個項目都是一門學問，本文中將告訴讀者挑選
與安裝的注意事項，以及重要的進排水問題，讓監工過程更加順利。

採購馬桶須知

馬桶分為坐式、壁掛式與蹲式，基本上會因為水箱設計而有不同差異，有高水箱與低水箱，也有壁掛式以及壓力式水箱，一般家庭常用坐式，較講究或追求新事物的家庭則會選用壁掛式。首先挑選馬桶要注意排水中心孔徑與牆壁的距離是否足夠，坊間多用30、40公分的大小，先確定後才能選擇馬桶種類、品牌等；至於免治馬桶是設計時加上的洗淨以及暖座設備，以水沖方式來代替過度擦拭的清潔方式，需要預留配電插座及進水才能安裝。

🖊 知 識 加 油 站

慎選馬桶水箱除臭劑

馬桶必須不定時檢查外觀是否有裂縫外，在清潔時避免使用過度強酸或尖銳性物品，一般人比較容易忽略的是，如水箱要放置清潔或芳香劑，要確認成分是否會影響塑膠製品，以免造成損壞。

常用衛浴設備

1 馬桶 ▶▶ **2** 洗臉盆 ▶▶ **3** 浴缸 ▶▶ **4** 淋浴拉門

▶▶ **5** 水龍頭 ▶▶ **6** 抽風設備 ▶▶ **7** 衛浴五金配件

🧑 老師良心的建議

挑選馬桶要注意排水中心孔徑與牆壁的距離，先確定後再選擇馬桶種類、品牌。

馬桶監工與驗收

1 馬桶樣式影響管線配置	一開始要確定好馬桶的樣式，如壁掛、坐式或蹲式，因管線的配置方式會有不同。
2 不同馬桶進水方式不同	進水方式要確認，如壁掛式水箱的水管是從牆面由上而下。
3 水箱與便座須確實結合	高水箱與低水箱若不是單體（座）式的，要注意水箱與便座的結合要確實。
4 確認排便孔的中心孔徑	坐式或壁式馬桶安裝前，排便孔的孔徑要確實抓好中心孔徑位置，避免偏移。
5 便孔與汙水孔結合確實	安裝時要確定便孔與汙水孔之間的配件要確實結合，以防滲漏。
6 注意結合使用的水泥比	坐式馬桶與壁面結合如需要用到水泥結合，比例務必抓在 1：2，同時避免水泥落入管內會造成堵塞。
7 止水墊片會影響止水性	止水墊片的厚薄要適中，如此零件接合的止水性才會比較好。
8 排放水的公升數要適當	確定排水公升數，是否足夠沖刷排泄物，也要以環保角度考量，以不會造成浪費為原則。
9 更改管線注意排水坡度	如必須更改管線，要注意排水坡度，如允許情況下可預留清潔孔與維修孔，方便日後清潔維修。
10 安裝時要考慮人體工學	馬桶安裝前注意空間大小，要考慮是否會與其他器具（例如臉盆、門）碰觸，並須符合人體工學方便使用。
11 各式系統記得預留電源	若安裝免治馬桶、蒸氣系統等要預留電源，也要注意電器類使用上的防水要確實。

▶▶▶ **8 熱水器**

說明	符號	說明	符號
洗臉盆		拖布盆	
小便斗		淋浴盆	
坐式馬桶		浴缸	
蹲式馬桶			

常用衛浴圖例

採購浴缸須知

浴缸一般分為鋼板陶瓷浴缸、FRP 浴缸（玻璃纖維製作）、壓克力式浴缸（背面為 FRP 噴塗增加韌性，具有壓克力光澤，保溫特性也較好），以及木桶、水泥製造等種類，其中泥作浴缸在空間、收邊的允許下比較容易量身訂作，但須注意防水性要好；而最近因 SPA 風氣盛行，廠商推出的按摩浴缸越來越受歡迎，它是利用水、氣體達到循環的特性，製造出水循環的效果，但價格不菲，所需要的空間也不一樣，在選購時需考慮預算及浴室空間是否足夠。

浴缸屬於獨立個體式建材，具有儲水功能，有些人為了營造放鬆的環境，還會在浴缸旁加設音響、電話、電視或 SPA 功能，讓浴室成為享受的空間，必須特別留意的是防水及水氣滲透到電器等問題，在配置上關於後續防水、收邊，以及按摩系統維護等，最好事先考慮計畫周詳。

✎ 知 識 加 油 站

FRP 是什麼？	FRP 是「玻璃纖維強化塑膠」的簡稱，使用「不飽和聚脂樹脂」，加上硬化劑或適度加熱與指定的促進劑放置於室溫下，經過一定時間後膠化，最後製成為具彈性的樹脂狀硬化材質，而此種液體樹脂再加上玻璃纖維的補強材含浸後，便成為強化塑膠（FRP）。
偶爾檢查維修孔	不定時檢查浴缸的維修孔，查看浴缸底部是否有漏水情況，必要時則請廠商處理，以免影響損害房屋。

5 招避免買到黑心浴缸

1 選購前要確定好尺寸、顏色，以及排水方向、排水方式。

2 確實了解材質的特性，以及零、配件使用方式、耐用性，並多做比較。

3 選擇時要注意品牌、售後服務以及維修的方便性。

4 檢查零、配件是否確實，有無疏漏情況。

5 若安裝按摩浴缸，須注意浴缸是否具有自清殘水以及殺菌的設計。

浴缸監工與驗收

1 確認排水管與孔位	要注意排水管位置、孔位是否一致，與浴缸的中心位置要對稱，需事先在圖面做好安排。
2 底部支撐務必確實	浴缸須注意載重力是否足夠，底面支撐要確實，尤其是 FRP 材質浴缸，底部若沒有確實固定，可能會因瞬間重力而出現破裂情況。
3 注意防水與排放水	浴缸用水量大，除了底部支撐要做好防水外，更須注意排放水的流暢，排水管的坡度要注意，避免回積水與排水過慢的情況產生。
4 視聽設備預留管線	如需要裝設音響、電話系統等，要預留管線位置，同時做好管線防潮處理。
5 表面不可以有破損	確實檢查浴缸表面，若為壓克力材質會有層保護膜，要檢查是否有破損；若是陶瓷浴缸則注意是否有瓷裂或瓷面掉落、破損的情況。表面材質的選擇，須避免尖銳材質。
6 水墊片鎖合要確實	溢流孔、排水孔與缸體止水墊片鎖合，務必確實，管子與缸體的管接位置，是否確實做好止水處理或固定。
7 預留維修孔的位置	維修孔有不同材質：不鏽鋼、FRP 等，以拆卸容易、止水密合為原則，位置必須方便維修。
8 以總水量選擇工法	泥作浴缸要做好防水計畫以及結構上的考慮，有砌磚型與 RC 等 2 種結構，先確定總水量多少，再選擇工法，水泥養護要確實，可泡水 1 週，測試裂縫與漏水問題。
9 按摩浴缸注意噪音	按摩浴缸會利用馬達製造氣泡產生循環效果，要注意馬達的靜音度、防漏電計畫以及電源配置，並顧及事後維修方便。
10 慎選浴缸噴孔材質	無論水噴孔或氣泡噴孔材質都要事先確定，金屬材質要選擇抗酸鹼的，塑膠需要抗熱度，止水鎖合都要確實。

採購淋浴拉門須知

別小看一片片的淋浴拉門，它既可以用於乾溼分離空間，也可以做蒸氣室的阻絕，更可以用於造型目的（例如噴砂），增加浴室空間的美感。淋浴拉門的材質大致可分為有框式與無框式，有框式的材質有壓克力、PS板等，而無框式大部分使用玻璃，再做夾具固定。

至於拉門開啟方式可分為橫拉式與推開式，安裝軌道很重要，重點是要做好排水，若是無障礙空間則要小心：1. 拉門的門檻，有可能阻礙輪椅的行進；2. 吊軌式玻璃容易被輪椅撞壞，因此使用上、機能上都要事先做好考慮。

無框玻璃拉門若是隔間的面積過大時，必須加強金屬桿的固定，才具有足夠的支撐力，同時要避免單點撞擊的傷害發生。

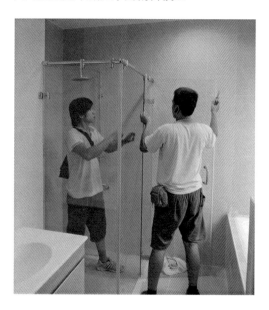

✏ 知 識 加 油 站

做溝排要事先計畫

對於拉門下方是否要做溝排，在泥作工程前就要事先規畫，因為溝排的水會比較集中，不會積水，但須考慮預留地板高度至少 3~10 公分高，等泥作工程結束才說要做溝排就太晚了，可能必須打掉地板重做。

4 招避免買到黑心淋浴拉門

1 選購前要注意空間是否適合，以免裝設後造成進出與使用上的不便。

2 如有蒸氣室，要注意是否有做頂棚處理計畫。

3 要確定把手樣式與位置，避免事後糾紛。

4 每塊 PS 板或玻璃厚度都要做確認，表面不得有任何刮傷。

淋浴拉門監工與驗收

1 不同材質不同結合方式	一般使用鋁合金材質，要確認是否有螺絲鬆動問題，塑膠材質結合檢查是否確實嵌入，避免毛邊產生。用強化玻璃時，要確認固定的方法是鎖的或是用結合器連結。
2 滾輪與軌道要確實固定	橫拉式有框拉門要注意滾輪與軌道位置，是否確實固定，也要注意載重量。
3 螺絲型接合選用不鏽鋼	中間型拉門螺絲型接合一律使用不鏽鋼材質，鎖合要確實，上下滾輪必須相同。
4 拉門塗裝注意環境因素	拉門材質塗裝有烤漆型及陽極處理等種類，烤漆型要注意是否有掉漆情形，陽極處理則要避免刮傷、避免使用於酸鹼空間如溫泉區，否則易出現氧化情況。
5 止水條要避免滲水脫落	門板與門板間的止水條要確實密合、就位，避免出現滲水、脫落的情況。
6 檢查 PS 板的紋路要一致	確定 PS 板的紋路位置是否一致，一般為有紋樣的方向朝外，平面朝內，可因需要做不同調整。
7 門檻寬度及高度要適中	如有門檻式或者設置在浴缸上，門檻都要注意寬度及高度，以配合裝設軌道，避免過大與過小。
8 玻璃材質注意加工表面	玻璃若有噴砂、貼紙，記得加工的表面要面向門外，最好做強化處理；若用於無框拉門，則夾具部分要考慮荷重問題，勿為美觀犧牲安全。
9 門板式要留意開啟方向	門板式拉門要確認開啟後的方向是否會碰觸到物品，預留足夠空間，並且以外推式較佳。
10 裝設前確認排水孔設計	安裝前要確定淋浴間的內、外部有無 2 組排水孔的設計，避免因安裝後發現有疏漏的情況。

採購水龍頭須知

水龍頭可以控制水的流出及停止,主要原料由銅或鋅合金做成,也有加入陶瓷原料的水龍頭,加強抗氧化功能。一般浴室用的分為洗臉盆用、淋浴用、浴缸用及淋浴柱用,有的是冷、熱分離,有的是冷熱混合式,冷、熱水混和後才出水的,可以控制用水溫度。

通常出熱水的水龍頭會有一個紅色指示燈或是符號,而出冷水的水龍頭則有一個藍色或綠色指示符號,又或是標示「H」或「C」的英文字母以代表熱或冷,區分熱水與冷水,以免誤用遭成意外。

雖然大多是金屬材質,但水龍頭的價差相當大,而且造型有很多變化,尤其是把手更是兼具使用方便與美感,令人目不暇給。一般水龍頭包括立式、長頸式、冷熱混合式等水龍頭;還有感應式水龍頭,具備自動斷水功能;而水龍頭的內部開關也漸漸從金屬結構進步到陶瓷結構,使用款式有按的、拉的、旋轉的、腳踏的,在選擇上最重要的是檢查龍頭的止水閥芯,因為龍頭閥芯通常也會決定龍頭的好壞。消費者在選購時,不妨轉動一下龍頭的把手,看看龍頭與開關之間有無間隙,目前市場上的龍頭有橡膠閥芯、球閥芯和不鏽鋼閥芯等,不鏽鋼閥芯是新一代的閥芯材料,密封性高、物理性能穩定、使用期也較長。

✎ 知 識 加 油 站

不定期清理水龍頭

如果出水量太小,可將水龍頭拆下檢視噴出孔是否被水垢雜物堵塞了,不定時拆開水龍頭清除內部的雜質,包括濾網上的雜物或青苔,以確保出水順暢。若要消除水漬,則可以用檸檬酸,既環保又不傷玉手。

4 招避免買到黑心水龍頭

1 注意軸心與旋鈕式機能的配件,是否為耐用材質。

2 表面的處理與環境的利用是否相符合。

3 零件的維修、取得是否方便,安裝是否為特殊安裝方式。

4 選擇良好品牌與產地,注意後續維護與保固是否方便。

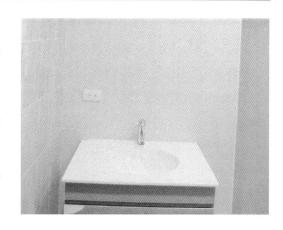

水龍頭監工與驗收

1 確認給水高度、出水口深度	檢查是否與臉盆、洗槽匹配，或符合人體工學，而出水口的深度，與接水的器具距離有沒有過長或過短。
2 注意安裝位置，接頭要密合	安裝時要注意冷熱水的區別，以及接頭固定方式，如有接管，無論是金屬或纖維材質，要確實緊密結合。
3 出水的防護蓋要密貼於牆壁	壁面出水的防護蓋，務必密貼於牆壁，否則金屬蓋容易造成割傷，塑膠材質則容易破裂。
4 防水配件都要就位確實鎖合	龍頭內部所有零配件，尤其結合部位的防水配件、止水器如防水墊片等，要確實就位鎖合，檢查給水的止水帶是否確實纏繞。
5 確認水龍頭的表面是否完整	龍頭大部分都使用銅器，表面經電鍍處理，安裝前確認表面是否有剝落、生鏽或褪色情況，烤漆類亦同上情形處理。
6 伸縮水管配重器要確實固定	安裝時要確實固定，避免有雜物阻礙，記得要多次測試伸縮功能。
7 臉盆止水的拉桿鎖合要適當	洗臉盆的止水拉桿最好採用金屬式，比較耐用，拉桿的鎖合時要適當，不能過鬆與過緊。
8 花灑的多功能噴頭要多測試	花灑水龍頭淋浴器分為旋轉與按鍵式，也有可控制的多功能噴頭，要多做測試，出水孔通常會有 1 至 2 個濾網，不要拆除。

採購抽風設備須知

浴室用水量大，容易潮溼，除了排水要更加強、加速防止積水的設計，尤其有些浴室完全沒有窗戶，有些家庭利用浴室晾乾衣物，此時更需要安裝抽風設備，減輕溼氣問題。用抽風設備從基礎的風扇，到三合一抽風機、多功能式乾燥機、多功能照明設備＋抽風暖風，單價從千元到十多萬元都有，除了功能性的考量外，也要注意控制方式，還有整個機器完成後的高度，安裝前務必檢視浴室環境，有些機器本身高度將近 50 公分，但天花板只有 30 公分，就無法安裝，此外，也要注意預留管線及感應系統位置。

4 招避免買到黑心抽風設備

1 檢查浴室環境，Check 需要的功能再選擇機器。

2 選擇良好品牌或有信譽廠商，一分錢一分貨。

3 確認機型零件的維修、取得是否方便，安裝是否為特殊安裝方式。

4 確認保固期限與範圍。

抽風設備監工與驗收

1 出風口、止風板位置要確定	出風口要接在外面,管道間要好做密閉處理,否則一氧化碳容易滲進室內並造成中毒的危險;而止風板的位置要確實就位,不可輕易拆除。
2 注意浴室乾燥機的電量負荷	如果選擇多功能浴室乾燥機,要考慮電線的負荷性及控制面板的出孔位置,也要特別注意和水電配置是否相合。
3 若加裝視聽設備要做好防水	浴室如果要裝設電視等設備,要特別注意收邊部分以及防水性,以免造成危險。

採購衛浴五金配件須知

雖然衛浴的五金配件看起來都很「小」,不外乎毛巾架、漱口杯、掛鉤、3 腳掛架與層板等物件,但每一個配件都會影響到使用上的方便與否,浴室配備是否完善,很大一部分是這些配件小兵立大功。

五金配件依材質約可分為金屬、玻璃與壓克力製,金屬還分為不銹鋼與銅製品,耐潮、荷重是選購時的 2 大要點,消費者可以依照衛浴空間的收納需求,以及個人使用方便來挑選。

✐ 知 識 加 油 站

安裝配件停看聽

配件的位置既要使用方便,也須注意「動線」。
有些師傅將毛巾架等層架裝在淋浴間裡,洗澡時衣服被迫放在淋浴間裡,結果人洗完澡、衣服也洗過一遍水了,這都是沒有計畫清楚的結果。

5 招避免到黑心衛浴五金

1 了解材質的耐用性,以及有無特殊安裝的方式。

2 安裝的空間是否方便,有無人體工學的考慮。

3 螺絲結合一定要用防水材質。

4 注意尺寸、樣式、寬度大小是否合適。

5 注意結合與拆卸是否方便與確實。

衛浴較潮溼,要選用防水防鏽的五金配件。

衛浴五金監工與驗收

浴鏡	1 確認是否有除溼功能，控制方式是否靈敏。 2 注意材質是否具防潮特性。 3 安裝時檢查掛架是否足夠支撐鏡子的重量。
鏡檯	1. 無論塑膠或玻璃材質，要注意是否有毛邊、荷重力是否足夠。 2. 如有附屬配件如漱口杯架、牙刷架，是否有損壞、缺少。 3 鎖合時要確實，並注意位置高度，避免施力過大造成材質爆裂。
毛巾架	1 確認荷重的多寡與限制。 2 注意結合點是否有毛邊，以免意外割傷。 3 若是電鍍處理，要注意是否泛黃或表面處理不均勻，易退色或剝落。 4 安裝位置是否恰當，會不會擋到門。

採購熱水器須知

全身疲累時如果可以好好洗個熱水澡，是再好也不過的放鬆方式。雖然熱水器一般不建議裝在浴室內，但它的確是裝修浴室時也需要考慮的一個設備。目前熱水器普遍分為瓦斯型及電熱水器，而電熱水器又區分屬於個人專用的瞬間熱水器即熱型，以及全家用的大型儲水式熱水器；此外還有熱泵、太陽能、鍋爐等多種熱水器。

選購熱水器前應該考慮使用人員的數量、使用習慣（泡澡多或沖澡多），配置時要考慮水的壓力夠不夠，事先做好評估，避免拉水問題。目前20公斤重的瓦斯1桶要上千元，加上冬天瓦斯中毒事件時有所聞，越來越多家庭選擇電熱水器比較安全。若選擇電熱水器，安裝於浴室內一定要有漏電保護裝置，否則容易受潮，溫度一高就容易漏電；而節能儲存式電熱水器保溫度較高，選購時要留意水的加熱速度，要放滿1桶熱水需時多久？評估使用習慣後，配合定時開關，就可以節能減碳。

📋 知 識 加 油 站

蓄熱型熱水器偶爾要做洩壓處理

這以免發生壓力過大而爆炸的意外；而熱水器的水溫與出水壓力有關，如使用後仍覺得熱度不夠，有時候並非熱水器問題，而是水壓不足，遇上這種情形就要添購增壓設備，如加壓馬達。

4招避免買到黑心熱水器

1 是否有標準的檢驗標章。

2 有無安全設計。

3 選擇優良廠商或有信譽的商品，注意保固及使用注意事項。

4 零件取得容易與否，日後維修點是否普遍。

熱水器監工與驗收

瓦斯型熱水器	1 注意屋內或室外型，特別要注意現場環境的通風是否良好，有無逆風的情形。 2 室內外型、公寓式與大樓式，公寓與大樓之瓦斯出孔徑不同，天然瓦斯或液化瓦斯，其接管也會不同，安裝前要注意。 3 瓦斯進氣口的位置鎖合要確實密合，要不定時檢測，避免瓦斯外洩。 4 天然瓦斯型與桶裝型的瓦斯進口不同，不得交叉替用或使用改裝式的器具。 5 瓦斯器具一定要由丙級安裝技術士才可以安裝。 6 注意有無防空燒的設計、最好能裝設一氧化碳感應器。
電熱水器	1 安裝前要詳細閱讀供電線徑，並注意是否為專用插座電源。 2 瞬間即熱型電熱水器必須不定時做進出水檢驗，安裝時要注意有無漏電裝置。 3 進出水如水質不好，要考慮過濾水的情形，並注意出水是否順暢。 4 器具安裝時，防水與止水配件是否確實安裝就位。
太陽能熱水器	1 要注意現場安裝的環境是否方便施工。 2 實際產生的能量與效能是否如實，如熱度與加熱時間。 3 配管方式在安裝前是否有充分的設計與規劃。 4 多了解品牌背景，注意廠商是否具有一定的口碑與技術。 5 由於靠太陽光作集熱功能，屬於戶外型材質，儘量使用防鏽配件如不銹鋼。 6 安裝要注意勿破壞房屋結構防水層，組合要確實，避免颱風來襲時損壞或被強風吹走。 7 最好使用整套供出水系統，避免與其他熱水器結合使用。

衛浴工程驗收 Ckeck List

浴缸 & 淋浴拉門 點檢項目	勘驗結果	解決方法	驗收通過
01 浴缸的排水與水龍頭配置是否正確			
02 浴缸底座有無做防水處理及防水粉刷杜絕漏水問題			
03 浴缸邊牆支撐強度是否足夠水量多少上下位移會產生裂縫而滲水			
04 確認排水孔排水管有無到位避免過長或彎曲			
05 確認浴缸排水系統的機能，有無預留維修孔			
06 安裝按摩浴缸需確認預留馬達維修孔			
07 注意按摩浴缸的馬達插座位置距離，並做連結式固定，避免鬆脫漏電			
08 確實檢查按摩浴缸電源接點並測試漏電裝置靈敏度			
09 馬達運轉是否平順或噪音			
10 安裝要做表面保護措施避免重物放置或踩踏造成揭壞			
11 訂購及進場時間與工時是否確定			
12 搬運時表面有無碰撞或缺角			
13 排水量是否與配管口徑相符			
14 檢查表面刮傷損毀以及配件確認			
15 清潔時是否使用有機溶劑擦拭			
16 泥作浴缸需考量水量載重，浴缸尺寸等問題排水管與其他器具也應做好預留設計			
17 淋浴間大面積玻璃要加強支撐			
18 注意開啟方向並預留足夠的空間			
19 確認把手樣式與位置及孔數和孔徑大小			
20 把手與螺絲要確實鎖合			
21 淋浴拉門材質載重是否過重（支撐過重），注意尺寸水平及止水功效			

	勘驗結果	解決方法	驗收通過
22 淋浴拉門的結合點及軌道潤滑平順，閉門是否有止水功效			
23 淋浴間有留適當坡度的排水孔			
24 確認玻璃鋁框拉門材質強度，避免單點撞擊並做好固定支撐			
25 注意五金與牆壁的結合是否確實			

註：驗收時於「勘驗結果」欄記錄，若未符合標準，應由業主、設計師、工班共同商確出解決方法，修改後確認沒問題於「驗收通過」欄註記。

抽風設備 點檢項目	勘驗結果	解決方法	驗收通過
01 確認出風口並確實做好管道間的密閉處理避免一氧化碳滲入造成中毒意外			
02 抽風馬達是否有雜音			
03 多功能浴室乾燥機需考量荷電性及控制面板的位置品牌不同須注意水電配置是否相符			
04 裝設電視需確實注意收邊部分及防水性			

註：驗收時於「勘驗結果」欄記錄，若未符合標準，應由業主、設計師、工班共同商確出解決方法，修改後確認沒問題於「驗收通過」欄註記。

龍頭 點檢項目	勘驗結果	解決方法	驗收通過
01 零件取得與維修都要方便			
02 確認給水高度並與人體工學相符合			
03 接頭固定方式、安裝位置是否正確			
04 止水帶有確實纏繞			
05 出水的防護蓋要密貼於牆壁			
06 出水孔濾網勿拔除			
07 伸縮水管內置的配重器有確實固定			
08 感應式龍頭要靈敏			
09 拉桿鎖合不可過鬆或過緊			

註：驗收時於「勘驗結果」欄記錄，若未符合標準，應由業主、設計師、工班共同商確出解決方法，修改後確認沒問題於「驗收通過」欄註記。

臉盆 & 馬桶 點檢項目	勘驗結果	解決方法	驗收通過
01 各種衛浴器材選擇水電圖完成前是否做好確認避免事後改管			
02 確認清點安裝設備的零件包，配件遺失或短缺確實檢查零件有無防水、止水功能			
03 確認所有螺絲材質其荷重性與防鏽處理			
04 衛浴器具確認依照施工圖面安裝到位，各器具均有標準孔徑，須依施工規範施工			
05 安裝時是否強力結合與鎖合避免裂縫產生			
06 進水是否有忽大忽小			
07 安裝分離式馬桶確認每個接點環節是否確實避免產生漏水及維修困難			
08 固定馬桶時底座與地面排水孔是否對正同時注意磁磚收邊，避免排水不良			
09 洗臉盆進水系統高度是否按施工圖施作			
10 水龍頭使用是否順暢開挖地板務必注意此程序（載重問題）			
11 確認 U 型管配件是否確實到位			
12 確認水管與壁排水孔是否確實結合與防水避免進水發生漏水			
13 洗臉盆安裝時確認是否有破損、缺角、裂縫立即處理，避免後續損壞或爆炸產生			
14 確認上、下嵌式臉盆的下底座支撐力是否足夠避免掉落，尤其下嵌式臉盆			
15 確認臉盆與檯面邊緣有無做好防水收邊處理			
16 檯面式臉盆底如有收納櫃，選擇具防水材質或結合點做好防水處理			
17 確認臉盆水龍頭的進水位置與尺寸、樣式			

註：驗收時於「勘驗結果」欄記錄，若未符合標準，應由業主、設計師、工班共同商確出解決方法，修改後確認沒問題於「驗收通過」欄註記。

衛浴配件點檢項目	勘驗結果	解決方法	驗收通過
01 安裝前要注意耐用性，確認配件安裝位置			
02 浴鏡的材質是否防潮，掛架支撐力是否足夠			
03 毛巾架若為金屬材質注意不可過薄若過薄則容易變形			
04 結合點不可有毛邊，會造成割傷			
05 表面電鍍處理有無均勻			
06 鏡檯鎖合時要確實			
07 螺絲結合一定要用防水材質			

註：驗收時於「勘驗結果」欄記錄，若未符合標準，應由業主、設計師、工班共同商確出解決方法，修改後確認沒問題於「驗收通過」欄註記。

熱水器點檢項目	勘驗結果	解決方法	驗收通過
01 屋內型熱水器要注意現場環境的通風是否良好			
02 瓦斯蓄熱型購買前要確定容量			
03 電熱爐熱水器安裝前要詳細閱讀供電線徑並確認有專用插座電源			
04 室內型瓦斯熱水器要注意排風的方式，有無防空燒的設計			
05 瓦斯進氣口的位置鎖合時要確實密合			
06 確認安裝人員具有丙級技術士證照			
07 電池底座要密閉			
08 瓦斯蓄熱型的熱水器熱排風口的方向要正確，否則會產生一氧化碳			
09 機體的安裝是否有確實與結構固定			
10 電熱爐熱水器若為瞬間熱型要不定時做進出水檢驗，安裝時注意有無漏電裝置			
11 器具安裝時，防水與止水配件是否確實安裝就位			
12 太陽能型熱水器安裝要注意方式不可破壞防水層			

註：驗收時於「勘驗結果」欄記錄，若未符合標準，應由業主、設計師、工班共同商確出解決方法，修改後確認沒問題於「驗收通過」欄註記。

施工前　拆除　泥作　水　電　空調　廚房　衛浴　**木作**　油漆　**金屬**　裝飾

▲

Chapter 09

木作工程

木作的好處，是能實際依照空間條件做整體配置，配合色系、預算量身打造。

木工在房屋的裝修中佔了相當大部分的比例，從地板的安裝到櫃子的訂做，在在與木工脫不了關係，本單元將分析常見的木作工程：天花板、地板、牆壁及櫃子等工法，同時提供關於選擇材料、裝潢的注意事項，並加上越來越受歡迎的系統櫃監工說明，供讀者細細參考。

工地曾經長白蟻，還適合做木工裝潢嗎？只要在開工時做好三階段除蟲工作，還是可以進行木作工程：一、該拆除的東西拆除完畢。二、角材板料進入現場後要噴灑藥劑。三、油漆前記得再除蟲一次。但要注意的是，這些工作都應列入施工款項內，且每隔 3 到 5 年也要不定時除蟲。

項目	☑ 必做項目	注意事項
認識板材	1 依照使用位置與設計，選用強度與性質適合的板材 2 潮溼空間板材要做防潮處理，收編也要確實	1 選擇板材務必注意甲醛含量和除蟲 2 表面裝飾用板材，要注意保護好表面
天花板	1 天花板材要達到消防法規的規定 2 天花板要預留燈具等線路的出線孔和維修孔	1 主燈區要多下角料，強化支撐度 2 要考慮做完天花板後的空間高度，是否會過低產生壓迫感
壁面	1 如為隔間式壁面，板材要選用有防火阻燃功能的產品 2 壁板內若填充吸音材，需注意防火性	1 鑲嵌裝飾材，要注意尺寸和收邊美觀度 2 設計結構式壁板窗台時，要注意防水性
木地板	1 架高地板的補強要夠 2 地板下有管線必須做註記	1 木地板若做架高設計，可做收納空間，唯需注意尺寸 2 鋪設木地板，必須加防潮布
櫃體	1 如遇櫃體結合處，需用螺絲釘加強接合力	1 層板要注意跨距和承重 2 木作櫃、系統櫃沒有絕對的好壞

🧑‍🔧 木作工程，常見糾紛

TOP1 到工地看木作櫃施工，結果釘子都刺出板才了，看起來好醜。（如何避免，見 P174）

TOP2 工班沒照圖面先放樣再施工，結果出來的造型和響的天差地遠。（如何避免，見 P180）

TOP3 木地板鋪完踩起來有聲音，感覺也不太平，超不開心的。（如何避免，見 P188）

TOP4 詢問做木工的親戚報價，請他來做才說高櫃、矮櫃有價差。（如何避免，見 P194）

TOP5 系統櫃廣告是一回事，實際做下去報價又是一回事。（如何避免，見 P196）

Part I

Part1 認識板材

黃金準則：基材要能承重並注意甲醛含量，裝飾板才要留心表面加工。

早知道 免後悔

做木工也要利用到 RC 結構的植筋法？沒錯！別以為木工只是在木材上釘幾根釘子就 OK 了，其實木工在房屋的裝修中占了很大部分的比例，從天花板、地板的安裝，到牆壁、櫃子的訂做，幾乎都與木工息息相關。雖然木工如果做不好，大不了拆除重做，沒有泥作工程那麼麻煩，但也是勞民傷財，如果可以在木作工程開始前做好功課，施工時謹慎選材、監工，就不必走太多冤枉路。

木作工程價差很大，除了因為木工沒有一定的標準可以當作價格指標外，最大的原因在於材料的好壞，一分錢一分貨的道理在木作工程中絕對是不變的準則。因此，我們有必要先好好認識一下板材，如此在木作工程中才不會被當作「潘仔」被敲竹槓。

板材指的是從最早的實木板到後來的加工板（木芯板、夾板等），表面經處理可以用於裝飾性的加工皮板，因為環保需求與科技發達，現在更陸陸續續增加各種複合性的板材，包括塑合板、矽酸鈣板、氧化鎂板等，板材可互換，例如結構型板材可以當作裝飾材，有多樣化選擇，可運用在不同的空間，相對的，使用都靠經驗法則，沒有統一性工法，做得好不好純粹看師傅功力高下。

裝潢常用 7 種板材

1 實木板材
依取材木種而不同

2 密集板
也有雕刻板

3 角材
分實木與
積成兩種

板材種類 1，實木板材

單一樹種的樹所取得的板材，因加工有不同的切割方式，形成直紋或曲花的紋路。樹種物以稀為貴，坊間有許多仿冒品，採購時可在施工現場抽驗材料，以剖面檢視或用水浸泡的方式檢驗。一般用於壁板造型、櫃面造型或實木地板，也可用於天花板造型。

實木板材要注意吸水率與膨脹係數，吸水率越高越容易膨脹，越容易產生高低差，所以要先看說明，知道膨脹比是多少，如 1/100

為 100 公分面會膨脹 1 公分，就可作為板與板預留縫隙的參考。

5 招避免到黑心實木板材

1 確認樹種是否與工地的環境相符合，如吸水率、膨脹係數與乾燥比等。

2 表面不應該有過多的蛀孔、樹結以及裂紋、枯木面，否則可要求退換貨。

3 若需染色處理檢視色差。

4 剖面檢視是否假貨。

5 事先確認厚寬尺寸。

實木板材監工與驗收

1 檢視加工面	檢視實木板材的加工面是否壓合密實
2 做防潮處理	在較潮溼空間施工，板材表面要做好防潮處理，如防水塗裝，或者木地板要注意地、壁的反潮問題
3 保護好表面	避免刮傷以及汙漬附著，造成表面不同的傷害
4 清潔要注意	避免使用有機溶劑清潔，如表面塗裝亮光漆的板材，小心有機溶劑侵蝕表面

4 線板

分木質與
塑膠兩種

5 夾板

6 木心板

7 密集板

陸型氣候板材、
海島型板材

板材種類 2，密集板

密集板指的是高密度聚合的紙漿或木漿板，表面均勻密實，本身具有一定重量。因為密度高，因此多運用在雕刻板上，也可依不同的風格進行上色處理，如果沒有做防水處理，則容易受潮。適用於室內避免使用於戶外，適合做不同的倒角處理，或用於櫥櫃、門板，以及牆面裝飾，不適合隔間。

密集板做成的雕刻花樣或圖式，很容易積壓灰塵，其實處理方式很簡單，利用吸塵器吸塵清潔即可。

6 招避免用到黑心密集板

1 確定尺寸大小。

2 邊緣是否有缺角。

3 避免有紋路型的裂縫。

4 注意訂購的時間點及庫存問題。

5 板材厚度可否與其他材料混用。

6 表面有無過度粗糙情況。

密集板監工與驗收

1 黏貼步驟要確實	密集板或雕刻板的著釘力比較差，黏貼必須確實，要注意膠劑是否均勻
2 補強釘頭不可大	可使用釘合方式結合補強，但要注意釘頭不可過大，影響美觀
3 不可有變形缺角	避免邊緣敲擊造成破損、缺角，現場要注意板子是否變形、缺角、翹曲、裂紋等情況
4 計算厚度與鉸鏈	使用在櫃子門板時，須注意厚度與所用的鉸鏈可否配合
5 修除倒角的毛邊	用在倒角時，要注意是否出現毛邊，需適當的磨砂，如有拼花要對好紋路
6 慎選收邊的貼皮	如需作收邊處理，慎選貼皮材質，比較方便塗裝
7 把手安裝須平整	如安裝把手時，要注意板面的安裝方便性以及平整性

板材種類 3，角材

大多運用在門框、窗柱或是天花板及地板的結構支撐材，本身材質分為實木角材及積成角材，一般角材分為 1.2×1 吋及 1.8×1 吋，長度有 6 尺 8 尺 12 尺，視需要量身訂製。一般施工時，最好將角材配合 2 塊 1.2 公分的六分夾板，其特性為不容易變型，同時也是比較環保的材料。

適用場所包含門框、窗框，或天花板與地板的結構支撐材，以及壁面的底架。若使用積成角材，可適當的施壓，觀察積成角材變形的情形，也可拿不同積成角材測重量，產地不同，重量也有不同，一般是越重越好。

角材也適用於地板架高的支撐材。

5 招避免用到黑心角材

1 表面過度潮溼，建議不要驗收使用。

2 不可過度彎曲或厚度過大。

3 實木角材不用有蛀孔、黑斑的產品。

4 實木角材要做防蟲（白蟻）處理並提出證明，若無，進場前最好先做蟲害防治。

5 檢視積成角材側面，層數愈多愈好。

角材監工與驗收

1 依工法選尺寸	因工法不同慎選尺寸，如天壁板長用 1.2×1 吋，地面常用 1.8×1 吋，而地板可視高度與工法需要調整材料尺寸
2 避免現場潮溼	工地現場避免有過度潮溼的情況，否則材料易產生變形或爆材的情況
3 慎選結合方式	實木角材可選擇釘式或嵌式，積成角材的打釘子方式著力要正確，橫式板面的角度也需要注意以 45 度以上入釘，結合力才夠
4 底漆緊密結合	表面如需塗裝，要注意底漆結合方式是否密合，積成角材要注意板與板之間是否會鬆脫
5 角材間距確實	架高地板可選擇實木角材，每個角材的間距要確實，以免長期使用時造成地板變形或出現雜音

板材種類 4，線板

多用於做內角或表面形的特殊風格，如巴洛克風格、鄉村風格等的特殊建材，材質分為 PU 型、PU 表面塗裝型、實木型以及密集板型的線板等多種材質，在使用時可達到畫龍點睛的效果，但施工上相對也會增加成本。

適用場所：大部分用於天花板與壁面的轉角點，或壁面整體造型、衣櫃門板的整體修飾，以及檯面邊角的修飾處理，基本上可依需求做各式應用。

4 招避免用到黑心線板

1 實木線板價格高慎選。

2 注意長寬、顏色以及斜度。

3 預備耗材並確定可否退貨。

4 不可有缺角或破損。

線板監工與驗收

1 釘頭不應外露	若使用釘合方式，要注意著釘是否容易，釘頭是否外露
2 凹凸角要接好	接合處的凹角、凸角要銜接好，也要注意對花
3 上漆色彩一致	注意表面是否有刮傷、色澤是否一致
4 收邊結合確實	用作收邊的線板，無論釘合、膠合都要確實
5 修平方便施工	注意施工壁面是否過度凹凸，要先修平再施工
6 塑膠要防受熱	塑膠線板（PU 線板）要避免受熱，否則容易變形

板材種類 5，夾板

將整棵樹或剖或削成不同厚度的木皮，再做交叉性貼合成為夾板，可做成多種厚度，應用在各種空間。由於屬於交叉紋路，承受力、抗壓力等都較好，也可用在地板等承重面。與木心板最大的不同，在於木芯板的板心用的是實木，而夾板從側面可明顯看到屬於多層次角材，同個尺寸，奇數層次越多，其抗壓性與著釘力比較好。多於天花板、壁板底材，櫃體也可使用，但成本較高。

地板的厚度要 12mm 以上，做為壁材的夾板只要 9mm 以上即可。

天花板和壁面使用的板材厚薄有別，一般做天花板不要使用太厚的板子，約 6mm 以下即可；若要做壁板的底材，則選購約 9mm 以上的，可在底面貼皮，如實木皮、人造皮、PVC、玻璃與金屬、美耐板，並注意防潮處理。

4 招避免用到黑心夾板

1 選擇抗壓性較好材料。

2 確定皮面的紋路及色澤。

3 注意厚薄是否不一。

4 表面不應有刮痕、汙漬。

夾板監工與驗收

1 薄夾板小心釘合	薄的夾板需慎選結合方式（貼、釘、嵌），釘子的選擇也很重要，如 6mm 以下要選擇雙腳式（騎馬釘）釘材，注意避免出釘、爆材	
2 黏白膠加強支撐	夾板結合時要使用白膠黏著加強支撐，並預留 5mm 以上的伸縮縫	
3 裝飾板結合確實	檢查裝飾板的結合面是否確實，特別是貼的時候要注意結合膠凝固的時間	
4 板材橫置勿立放	收料後，板材要橫置不要立放，塗裝類裝飾材避免碰到水、油等汙損情況，以免造成翹曲	
5 戶外材料做記號	戶外用與室內用的不同，戶外的使用防潮板（紅膠板），一般在側面做塗料記號，方便辨別	

板材種類 6，木心板

把一棵樹剖成條狀，經過排列組合成一塊板材之後，上下使用薄皮使其固定成為夾板，因為中間是實木材質，故稱為木心夾板。木心板的產地不同，從馬來西西的麻六甲，到印尼、中國等，不同的樹種，穩定性也不同，

可分為一級、二級。木條與木條間非常密合，無縫隙或縫隙較少的屬於一級；而縫隙較大的產品則屬於二級。也有人將木心板又分為屬於樹心材或樹邊材，硬度、結合力以及價位都有所不同。

一般都使用在櫃體的櫃身、櫃內的隔板、地板的底材。一般運用在櫃體的厚度以18mm為主，尺寸有4尺×8尺、2尺×8尺，也有特殊尺寸，不過都需訂製。

一般用在櫃體的木芯板厚度約18mm為主。

板材種類 7，塑合板

屬於國外開發的環保建材，有計畫性地種植、砍伐樹木，整株樹木經過打碎、烘乾、置入結合膠劑，經過高壓裁切的手續，用於櫥櫃、隔間、包裝用材甚至於軍事用途，近來系統傢具、廚具也廣泛使用。塑合板可分為大陸型氣候板材、海島型板材；大陸型氣候適合乾燥的板材，海島型氣候板是在板內加入防潮劑，避免材料受潮性的膨脹與變形。

多用於系統傢具、廚具。高密度及低密度的板材的分別：

低密度材（V20、80）：表面貼皮有板、皮、紙等不同種類，板材厚度約 1mm 以上，皮類為 0.3 ～ 0.6mm，紙類則是 0.3mm 以下，要注意其耐磨係數（單位為「轉」，例如 3000 ～ 10000 轉）；質量輕，適合作不同材質的包裝

4 招避免用到黑心木心板

1 檢視表面有無損傷。

2 要提供防蟲防火證明。

3 確定尺寸及厚度實不實在。

4 搬運不便時可否先裁成適合大小。

木心板監工與驗收

1 確認貼皮面數	單面一般使用於板面有接觸到牆壁的場合，雙面則多使用在隔板、隔間
2 上漆注意紋路	若表面屬於加工貼皮式的天然實木皮或人造實木皮則需要塗裝，要注意木紋的紋路與顏色要統一，特別是染色的面與封邊，防止色差問題
3 內外材質一致	櫃內與櫃外的材質最好一致，否則容易有色差
4 慎選膠合方式	尤其是不織布皮等各種實木皮面，若需要染色，儘量避免用強力膠貼合，以免甲苯、有機溶劑造成成分解性的氣泡與脫落
5 勿選甲醛板料	注意甲醛過量影響健康，應慎選板料、皮面、貼合膠，可用鼻子看看有沒有刺鼻味
6 勿放置受潮處	放置板材時要避免受潮，使用前先檢查是否有翹曲情形

高密度板材（V100、120）：板材有各種不同厚度，常用的從 6mm ～ 30mm，因不同空間或櫥櫃所需的承受力來決定厚度；結構的接合力、承受力、載重力較好，不易變形或彎曲

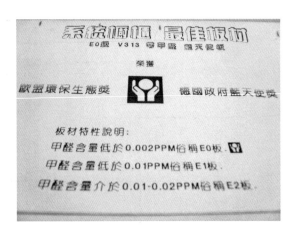

塑合板的甲醛含量檢驗證明

5招避免用到黑心密集板

1 要有防水證明。

2 檢視板材側面密度是否紮實。

3 檢查側面封邊有無毛邊或翹曲。

4 表面無破皮、刮損或是凹痕。

5 要有完整包裝。

密集板監工與驗收

1 封邊貼膠要確實	塑合板在表面均有做修飾材面的處理，在做櫃面時，必須注意板與板之間的封邊是否確實做好，最好使用原廠熱融膠封邊	
2 慎選刀具及轉速	使用塑合板時要慎選刀具以及機器的轉速（如刀具牙要細，馬達轉速要快），以避免裁割時造成表面皮剝落	
3 避免直鎖式結合	板與板結合，避免使用螺絲直鎖式的強力結合，易造成板料的物理性破壞	
4 KD 轉盤注意承重	塑合板最常用 KD 轉盤，利用旋轉拉釘的原理方便拆卸，但要注意承重力要夠，孔距要對稱	
5 木插加強接合力	若採用對鎖式螺絲（即 T 型螺絲），注意孔徑要對合；使用面積較大的板材（如衣櫃深度 60 公分），最好加上木插補助接合力	
6 再次確認設計圖	施工前再三確認設計師及施工單位都對圖面很清楚，以避免重複拆卸、組裝、裁切	

密集板監工程驗收 Ckeck List

點檢項目	勘驗結果	解決方法	驗收通過
01 避免有紋路的不均勻及邊角的破損			
02 因易受潮的特性，勿使用於室外			
03 不可使用於結構體			
04 黏貼步驟要做確實			
05 導角後不可有毛邊出現			

06 實木型彫刻板確認無紋路型的裂縫

07 板子是否有變形如缺角、翹曲、裂紋

08 拼花確實對好紋路，沒有錯位情形

09 收邊處理要慎選材質，塗裝會較順利

10 室外型或是潮溼空間表面要做好防水塗裝處理

實木角材監工程驗收Ckeck List

點檢項目	勘驗結果	解決方法	驗收通過
01 實木角材表面有無過度潮溼			
02 實木角材本身有無過度彎曲			
03 實木角材因工法不同慎選尺寸			
04 地板可視高度與工法調整實木角材材料尺寸			
05 實木角材進場前最好要做蟲害防治			

積成角材監工程驗收Ckeck List

點檢項目	勘驗結果	解決方法	驗收通過
01 板與板之間是否有鬆脫情形			
02 材料有板脫的情況則避免使用			
03 積成角材密度確實要夠、層數要夠			
04 避免使用在容易受潮的空間，材料易爆材			
05 避免使用架高地板式角材			

線板監工程驗收 Ckeck List

點檢項目	勘驗結果	解決方法	驗收通過
01 選擇時要注意長度、寬度以及斜度			
02 表面有塗裝的材質或色澤確實一致			
03 購買的產品存貨確認足夠			
04 施工時釘合確實、釘頭沒有外露			
05 線板本身的花樣要對接，確實對齊			
06 已塗裝的線板表面無刮傷，色澤一致			
07 塑膠線板避免使用在易受熱處			
08 線板角與角之間須確認是否做好密合的工作避免離口、紋路不相稱等			
09 線板著釘的釘孔要確實（是否過大）釘頭在不影響紋路下用釘沖把釘子送入			
10 線板確認陰陽角，要注意對角點避免有破口不對稱角			

夾板監工程驗收 Ckeck List

點檢項目	勘驗結果	解決方法	驗收通過
01 邊角是否有過度撞擊			
02 裝飾板的結合面確實			
03 薄的夾板要慎選結合方式			

04 壁面材料需以 9mm 以上規格作為底材

05 避免出釘、爆材

06 板材結合時要使用白膠黏著加強支撐。

07 修飾板類要注意紋路與色澤

08 貼附時結合要確實壓合

09 避免高甲醛含量的產品

10 戶外與室內用的夾板不同，確認沒有誤用

木心板監工程驗收 Ckeck List

點檢項目	勘驗結果	解決方法	驗收通過
01 如有經過特殊處理，需注意相關的辨識方式與證明			
02 邊緣不可破損、缺角			
03 加工貼皮式的天然實木皮或人造實木皮需要塗裝			
04 封面膠合方式盡量避免用強力膠貼合			

密集板監工程驗收 Ckeck List

點檢項目	勘驗結果	解決方法	驗收通過
01 材質是否具有防水證明			
02 五金鉸鏈是否可承受荷重			
03 櫃體的主要結合方式是否方便拆卸			
04 側面的封邊是否有毛邊或過薄			
05 皮的封邊是否有翹曲			
06 T 型螺絲，孔徑要對合			

Part 2

天花板

黃金準則：如有吊燈、吊扇等較重的額外吊掛物，要額外加強支撐力。

早知道 免後悔

近年來，因為木作天花板的價格較為昂貴，漸漸被輕鋼架天花板取代，但講究的家庭還是偏愛木作天花板，可以量身訂做出個人喜好的風格。有些木作天花板容易有裂縫，主要由於不同材質的板材膨脹係數不同，如果沒有經驗的師傅在結合處沒有預留伸縮縫，當氣候溼度變化過大時就容易產生裂縫。

天花板施工時可選用木頭、金屬、塑膠等不同角材，而因應場所不同也有不同面材，例如浴室要求防水性，室外要求抗風，就可以用金屬條板、PVC 板等結合，而工法分為明架及暗架工法，早已脫離單純使用木板材的範圍了。

天花板也有修飾樑柱功能。

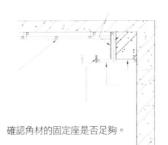

確認角材的固定座是否足夠。

常見天花板型式

1 平釘天花板 ▶▶ **2** 局部修飾天花板 ▶▶ **3** 造型天花板

老師良心的建議

天花板通常會包覆修飾照明、空調、消防、音響等管線，要留意下降後的高度，避免完工後空間變壓迫。

將骨架暗藏於後，結合板料如矽酸鈣板、氧化鎂板或金屬等鎖合 達到平整的效果，由於看不到骨架，只見天花板，所以稱為「暗架施工法」。木作天花板施作時，要注意以下幾點：

1 確認品牌、產地、尺寸及檢驗標準

板料送達時，首先一定要核對品牌、產地、尺寸及檢驗標準，尤其是甲醛含量，並且確認骨架的材質、顏色等等是否與當初開立的規格相同，並再一次確認好圖面施工說明。

2 確認骨架及板材是否能做特殊造型

有些天花板需特殊造型如拋物線、波浪型，要注意材料是否適合施作。

3 置入的板料應符合消防法規

在使用前要稍加注意所使用的空間是否有受到法規的規範，骨架所必須置入板料如矽酸鈣板、氧化鎂板、玻璃、木板與金屬等等材料，是否達到消防法規的規定。

4 確認卡榫設計好使用

為施工方便，所以暗架多半有卡榫設計，因此要確認支撐暗架上附有卡榫，是否可直接與暗主架卡合及定位，組合拆卸容不容易。

5 板材須提防火檢驗證明

若發生火災，天花板是延燒通道，故使用的板材要經過防火、阻燃檢驗，並可提出檢驗證明的材質，以確保居家安全。

6 潮溼空間應用防鏽釘

如施作在潮溼空間如浴室、廚房，其釘合材質最好經過防鏽塗裝或使用不鏽鋼螺絲。

7 注意骨架間距和螺絲鎖合

骨架間距須確實現場的骨架間距是否確實，並與圖面上再次確認。鎖合的螺絲與間距要確實，避免間距過大與出釘的情況。

8 預留維修孔，板與板要留伸縮縫

每個空間都要預留適當的維修孔。板與板之間是否有留適當的縫隙或間距，方便作為伸縮縫與塗裝填充處理，一般要留3～5mm。

9 確認水電管線已到位

施工前要確認水電等管線是否都已就位，並要預留適當的高度，以方便維修。

10 造型天花板收邊應平整

如有做層次性的造型，要注意收邊是否平整，或方便與其他工項結合。施工時檢查邊條與牆壁的結合力是否足夠、確實。

室外天花必須使用不鏽鋼

天花板與櫃子上方收邊

天花板監工與驗收

1	確認管線已到位	訂做天花板時確定管線已全部完工鋪設完畢，也要確定沒有漏水現象，再 check 與地板的完成面高度
2	美化預留維修孔	預留的冷氣、排水管維修孔，可以做適當的配置及美化
3	與樓板接合確實	由於天花板樓板的水泥磅數比較高，一定要確實結合，以免發生天花板下沉，造成離縫與裂縫的情況
4	板材離縫做補土	板與板料間要做好離縫，約 6～9mm 的間距，以方便作塗裝的填裝補土，並可避免裂縫產生
5	避免間照燈外露	設計間接照明時，避免開口過大或過小，以免燈管外露或者照度不夠
6	主燈區加強角材	有主燈區的天花板要多下角材以加強支撐力
7	選用防水材零件	最好選用不鏽鋼釘或銅釘的防水材質零件，避免生鏽影響整體美感，釘頭要確實入釘，避免釘頭外露
8	釘子長度 2.5 倍	假設板子如果厚度為 1 公分，釘子就需要 2～2.5 公分的長度，才能有較好的結合力，原則上以不出釘為施工原則
9	考慮施做後水平	消防部分的灑水管線以及樑的水平高度，還有平面配置後傢具的排列與高度比例等，都要事先考慮計畫清楚

天花板工程驗收 **Ckeck List**

點檢項目	勘驗結果	解決方法	驗收通過
01 確認管線是否全部完工並鋪設完畢，如空調機管線			
02 確認天花板無漏水現象			
03 確認地板完成面的高度，不會影響櫃高、門高，若會要即時反應與修改			
04 確認有無預留冷氣、排水管等維修孔，可做適當配置及美化			
05 天花板與 RC 天花板接合固定料要確實結合，避免天花板下沉產生裂縫			
06 板材接合處有無離縫約 6～9mm 間距，方便補批土避免裂縫產生			
07 間接照明開口大小是否適當，避免燈管外露或照度不足，破壞美感			
08 有主燈的天花板需加強角材，避免天花板支撐力不足			
09 弧形天花板要注意弧度是否平順，以免影響後續塗裝的打底施工與美感			
10 潮溼地區的天花板是否使用防水性的不鏽鋼釘，避免生鏽影響整體感			
11 天花板的釘子釘頭是否確實入釘，釘頭不可外露			
12 被釘物與釘子的比例適當，以不出釘為施工原則			

Part 3

壁面

黃金準則：壁面若有電路配置要預留走線和維修的空間。

早知道　免後悔

木質隔間是以往較常使用的隔間方式，但因現在大片木頭的取得較為困難，且價較貴，所以現在多用輕鋼架隔間取代。或在塑膠板上貼上木貼皮，也有木質隔間的效果，但較缺少木板的木頭香氣。一般而言，常用的木質隔間，多以角材為基礎，結合不同的板類如夾板、木心板或加工皮板、矽酸鈣板、氧化鎂板以及水泥板等，作為表面修飾性功能，因此木質隔間現在大部分都運用在特殊的壁面造型塑造，或結合門作隱藏式牆面的設計。木質隔間的隔音效果不佳，因此若有需要做隔音效果的話，必須額外處理。

即使是以木板隔間、做壁面，都必須考慮牆壁的受潮與否，有無漏水點，結合時要注意內部管線位置，而輕隔間牆則要考慮結合力與承重力，慎選膠合的方式。一般牆壁施工都從架角材開始，也有人使用木芯板當角材，再依序做出層次。在施工前必須與設計師做溝通評估，例如用文化石做壁面板，底材要用哪一種？夾板？矽酸鈣板？還是水泥板？如何結合底板與面板？針對裝飾材要多方考慮底板的各項條件。

除了考慮基本裝飾材外，牆壁要不要掛置重物？若有壁掛電視或畫作，則要加強支撐力，如果確定無法過度承受，就可考慮用收納櫃來補強支撐力。此外，壁面是否要裝設照明設計？那就還要再考慮線路配置與安裝、

壁面木作的種類

1 直釘式壁板

對處理過漏水壁癌或嚴重凹凸不平的牆面，可使用該種工法

▶▶

2 窗框

同直釘式，但有時空間更加平整或做明管配線時使用該工法

配電、出口、插座等問題，最好的方法是畫個簡圖或施工圖，明確標示。

避免黑心壁面驗貨法則

1 以實木角材為佳

注意角材基材的選擇，實木角材較佳。

2 應做防火及防蟲處理

有無消防安全的考慮，及是否有做防蟲處理。

若有必要，應請廠商提出相關證明文件。

3 注意結合方式及適用釘子

圖面說明應要清楚載明結合方式，

並注意應用的結合釘子種類。

4 如有線路必須做適當配置

5 使用吸音材必需注意防火

6 注意邊角收邊方式，如線板、貼皮

7 裝飾板如有縫的設計，注意尺寸、收邊、打底

8 如有鑲嵌其他建材必須注意其規格、尺寸、工法

壁面木工，在懸掛電視的位置注意加強支撐。

木工的每一處角材或板材的接合，都要使用電鑽封扣好。

3 窗架

 大多使用於床頭、沙發背牆、電視牆或其他做造型的空間，內可配線、照明可作多層式設計

4 玻璃

▶▶ 於壁面結構中加入吸音、減頻的填充物，但必須注意防火性，可做複層式設計，達到吸音效果

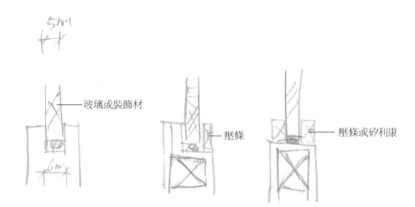

鑲嵌式安裝工法建議圖

木作壁面監工與驗收

1 註明放樣尺寸	圖面要註明放樣的尺寸，放樣要確認，如開口部位、門窗高度要確實避免二次修改的情況，角材的間距與支撐，也最好事先以圖面説明
2 注意天地壁結合	包括板類與角材的結合方式，貼合或釘合是否牢固確實，必要時使用植筋工法
3 管線做套管處理	要詳細確認管線的配置圖，並要求施工單位做好套管處理
4 壁面勿過度負重	一般木質隔間建議不要過度載重，例如 3 分夾板最好不要超過 20 公斤重，以免無法負荷
5 確認隔音填充材	如做隔音處理，要確定隔音填充材質是否與圖面説明相符合
6 最好預留伸縮縫	如果表面裝飾有加工皮革與壁紙、塗裝，要做好事先確認，並預留 3 ～ 5mm 的伸縮縫
7 開口不應有裂縫	當木質隔間必須做門窗時，因開關之間容易摩擦產生裂縫，應加強處理
8 避免裝設受潮處	木質牆面最怕蛀蟲及潮溼，浴室或廚房隔間不建議施做

壁面工程驗收 **Ckeck List**

點檢項目	勘驗結果	解決方法	驗收通過
01 實木角材有做防蟲處理			
02 圖面要註明放樣的尺寸，放樣時要確認，可避免二次修改			
03 天地壁的釘合是否有確實			
04 防火、防蟲材質具有相關的證明文件			
05 板類與角材的結合方式牢固確實			
06 細確認管線的配置圖			
07 壁面有載重時，角材置入的荷重量足夠支撐			
08 開挖門窗已確認所有的尺寸無誤			
09 表面裝飾有加工皮板與壁紙、塗裝，事先做好確認			
10 線板收邊要確認紋路、尺寸等項目會影響價格			
11 實木線板在同一施工面內是否使用同色澤與紋路			

註：驗收時於「勘驗結果」欄記錄，若未符合標準，應由業主、設計師、工班共同商確出解決方法，修改後確認沒問題於「驗收通過」欄註記。

┌─ Part *4* ────────────────────────────────

木地板

黃金準則：可順著原始結構面鋪設或用角材做水平修正。

└──────────────────────────────────────

早知道　免後悔

辨別實木的方法很簡單，一般實木會有一定的重量，同時也可注意木紋紋路在正反與側面都會有一定的連貫性。如果是染色木，色澤看起來會較為死板，且也沒有木頭香味。

木地板因為質感溫和，很受消費者歡迎，一般木地板分為天然與人造的兩種材質；但天然地板材質近年因數量與環保問題，加上價格不便宜，已漸漸被人造加工板替代，如海島地板、銘木地板、竹地板與超耐磨地板等，其效果與實木地板不相上下，且因高科技的應用及研發，許多功能甚至比實木地板還要好。

材料運用時，要注意樹種的吸水率與膨脹係數與當地的溼度關係，尤其對實木地板影響最大，加工型地板影響則較小。施工結合方式也與吸水率、膨脹係數與溼度有關，即使是戶外樓梯踏板、南方松地板都要留意。

直鋪式地板、架高式地板

直鋪式又稱為平鋪式，可分為下底板或者不下底板（即固定式或活動式直鋪），固定式的直鋪為先下底板再下地板面材。活動式直鋪則是不下底板，但在考慮地面平整之後可直接施作或自行 DIY 鋪設。

架高地板則是因為考慮地面不同使用的關係比如水平度或者線管問題，可做為高度區隔，底下會放置適當高度的實木角材來作為高度上的運用，需注意的是此法成本較高，

常見木地板工法

1 架高式地板

木地板架高式施工法

▶▶

2 直鋪式活動式地板

木地板直鋪式施工法

🙂 老師良心的建議

木地板踩起來有聲響，多半是材料結合力不夠，做完角材、底板、面材要階段性檢查，逐項確認。

或影響整體空間的高度。

木地板施作完，先試著走走看，如果會有出現聲音則需重新校正。

認識木地板種類

木地板屬天然材質，但約略可分為整塊實木型以及海島型木地板，而戶外使用的木材與室內功能不同，大多經過防腐處理。一般而言 每一類的木地板又可依照木種、樣式而有不同的款式。由於木種多樣，所以木地板也有不同的特性。除了依木種能呈現出不同的質感外，紋樣與顏色也都提供消費者豐富

的選擇。

由於台灣的氣候較為潮溼，實木地板雖然質感較佳，但抗潮性差始終為其缺點。因此，目前在市面上較多見的為海島型木地板。海島型木地板的市占率在木地板市場中約佔有六成，價格較實木地板便宜，抗潮性佳也特別適合潮溼的台灣氣候。就海島型木地板近年的發展，除了有多樣化的紋路樣式，日本與歐洲進口的海島型木地板也分別因特別著重建材的環保特性，以及發展出特殊的尺寸而與大部分的木地板有所區隔。

至於戶外使用的木地板木種以南方松居多，不過近年也出現了新的戶外材「塑合木」，它有效地去除了天然木材的缺陷，除了具有天然木材的質感與木紋外，同時也具有防水、防腐、防焰等特性。兩種木地板都可廣為使用，在商業空間也常見到。

---

3 直鋪式固定式地板

▶▶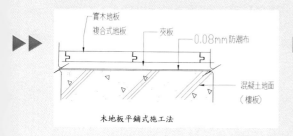

木地板平鋪式施工法

4 機能性架高地板

▶▶ 一般利用木地板與地板的空間，可做為收納或其他機能性使如升降木桌儲藏櫃

各式木質地板比一比

類別	特色	優點	缺點	適用區域	價格帶
實木地板	1.整塊原木所裁切而成 2.能調節溫度與溼度 3.天然的樹木紋理視感與觸感佳 4.散發原木的天然香氣	1.沒有人工膠料或化學物質，只有天然的原木馨香，讓室內空氣更怡人 2.具有溫潤且細緻的質感，營造空間舒適感	1.不適合海島型氣候，易膨脹變形 2.須砍伐原木不環保，且環保意識抬頭，原木取得不易 3.價格高昂 4.易受蟲蛀	客廳 餐廳 書房 臥房	NT. 4,500～30,000元／坪
海島型木地板	1.實木切片做為表層，再結合基材膠合而成 2.不易膨脹變形、穩定度高	1. 適合台灣的海島型氣候 2.抗變形性能比實木地板好，較耐用，使用壽命長 3.減少砍伐原木，且基材使用能快速生長的樹種，環保性能佳 4.抗蟲蛀、防白蟻 5.表皮使用染色技術，顏色選擇多樣，更搭配室內空間設計	1.香氣與觸感沒有實木地板來得好 2 .若使用劣質的膠料黏合則會散發有害人體的甲醛	客廳 餐廳 書房 臥房	NT. 4,500～18,000元／坪
竹地板	取材於天然竹林	1.採複合式結構，為多層特殊功能，構造精理，具耐潮、耐污、耐磨、抑菌、靜音等功能 2.可做染色處理	1.竹子膠合需用到黏著劑 2.竹子澱粉含量高，易遭蟲蛀，製作過程必須做好完善的防蛀工作	客廳 餐廳 書房 臥房	NT.4,000～18,000元／坪
戶外地板	一般以南方松為主，另外還有塑合木	不易腐蝕，耐用度極佳	南方松含有防腐劑；塑合木則塑膠感重，質感較差	陽台及戶外	NT.7,000～15,000元／坪

地板架高可坐收納

地板必須加防潮布

地板下有管線必須做註記

架高地板的補強要夠

實木地板監工與驗收

1 確認吸水率預留縫隙	吸水率越大、膨脹係數越大,施工時要確認預留的間隙符合未來膨脹空間
2 非實木板要停工換貨	可能會遇到以劣質樹材經過染色加工仿高價位樹材情形,施工時如現場切割後發現非天然實木,要立即停工換貨
3 確認企口結合要一致	要確認企口是否會過緊或結合不一致,間接造成聲響或觸感不同
4 避免同空間不同材質	應避免不同批次的材質使用在同一空間,因為企口的大小與色澤都會有些許差別,若使用不同樹種的木地板,要注意銜接點處,例如柚木地板與紫檀木地板的厚、薄、企口是否能順利結合
5 看一下表面有無脫漆	可從切開的剖面看出是否有脫漆的跡象,一個好的地板塗裝,會經過至少 7 道塗裝
6 檢視厚度是否能載重	如有載重與結構性結合的情況下,要注意木地板的厚度夠不夠,以確定結合與承壓力足夠
7 室外地板用不鏽鋼釘	室外型的實木地板一定要用不鏽鋼螺絲或釘子結合,避免氧化造成使用壽命減少
8 注意施工法價位不同	確定施工方式是屬於黏膠式、著釘式或直鋪式,工法不同有不同的價位

海島型地板監工與驗收

1 批號最好是同一批	確定紋路與設計的融合,且同一空間避免使用 2 種以上批號的材質出現
2 厚度寬度是否符合	加工型地板要注意表皮的厚度與寬度,及膨脹係數、耐磨係數等,會影響施工時應留的溝縫大小
3 一定親自拆箱驗貨	拆箱時發現品質不對,當下辦理退換貨,避免施工中換料
4 配合企口正確施工	施工時要注意企口方式,以免影響結合的緊密度
5 實木層不可有 離	地板施工,須注意邊緣是否有實木層與夾板剝離的情況,若有則要求重做,而夾板若密度太鬆,著釘力會很差
6 層數越多穩定性佳	留意海島型地板表面實木層的厚度,層數越多,著釘力、穩定性就越好
7 勿選購高甲醛建材	可直接聞味道,以是否有刺鼻味辨認

超耐磨地板監工與驗收

1 依空間挑選耐磨性	超耐磨地板有 100、60、與 30 條以下的厚度差別，選購時，不應以價錢來論斷，要確定耐磨性質適不適合
2 注意花紋是否一致	進貨時注意花紋是否為下訂時的顏色或花樣，若不是，則馬上退換貨
3 要收好邊以免割傷	由於是美耐板，容易發生因加工不良而產生翹邊，做好收邊處理，避免割傷
4 貼膠施工避免重貼	密集板施工方式以貼膠式較多，要注意貼膠確實，也要避免撕開重新再貼的情形

木地板工程驗收 Ckeck List

點檢項目	勘驗結果	解決方法	驗收通過
01 直鋪地板要確認是否與原結構面密貼，以免釘子和地面無法釘合			
02 確認地板底面是否太過鬆軟，避免釘子和地面無法釘合			
03 地面為磨石地或 2 公分以上厚石材，確認木板密貼地板才有足夠咬合力			
04 有明管線須注意架高時邊緣角材與地、壁要充分結合，不能懸空或產生聲響			
05 確認地面配電完成 避免增加事後挖除工程與拉線困難			
06 打好水平後應確認所有地板完成面，以及門板間的高度			
07 地面是否清除雜物避免增加事後挖除工程			
08 防潮布是否鋪設均勻，防潮布交接處宜有約 15 公分寬度			
09 角材是否具有結構性的載重，角材間的著釘要確實			
10 夾板是否用 12mm 以上厚度作為底板板材，離縫要 3 ～ 5mm 避免摩擦聲響			
11 釘面材塗膠時是否考慮吸水性，使用適當的膠即可			

12 地面管線是否有破裂避免日後拉線困難

13 確認架高或收納櫃型地板載重結構正確，收邊是否美觀具整體感

14 收邊方式一定先確認，是否用踢腳板或線板，並確認板子寬度

15 是否留適當伸縮縫，以防日後材料伸縮而造成變形

16 預留軌道須確認面板厚度相符，嚴禁更改材料，以免影響軌道平滑

17 釘完地板面材確實做好表面防護，避免尖銳物品、有機溶劑的碰觸與侵蝕

18 實木地板施工時要確認吸水率

19 實木企口式地板要確認企口是否會過緊或結合不一致

20 實木地板避免不同批的材質同時使用，造成色澤與企口大小不同

21 實木地板的表面塗裝是否確實

22 海島型木地板注意表面實木層的厚度是否確實

23 海島型木地板勿挑選到高甲醛含量的產品

24 地下室或是過度潮溼空間，不使用淺色系或吸水率高的地板

25 注意木地板的厚度，以確定結合與承壓力足夠

26 檢查海島型木地板邊緣，是否有實木層與夾板剝離的情況

27 海島型木地板夾板要具有密實性，若無則著釘力差

28 超耐磨地板邊緣收邊要確實，避免造成割傷

29 超耐磨地板使用貼膠式工法，施工時避免撕開重新再貼

30 超耐磨地板夾板式的材質以釘合式的施工方式

31 竹地板材料有確實進行去糖份處理，避免蛀蟲，可抗紫外線照射，避免褪色

32 竹片與基材是否有確實貼合

註：驗收時於「勘驗結果」欄記錄，若未符合標準，應由業主、設計師、工班共同商確出解決方法，修改後確認沒問題於「驗收通過」欄註記。

Part 5

櫃體

黃金準則：木作沒有一定工法或規則可循，詢價時除了材料報價，運費、工資、安裝、附加五金等費用都要清楚。

早知道　免後悔

木作櫃一直給人價格高的印象，系統櫃傢俱是不是比較便宜呢？也不一定，因為如果是有品牌的，考慮到管銷與經營成本，有時候會比一般木工來得貴，但也比較有保障，這得看每個人的認同感而異。購買系統傢俱要注意的是材質以及整體空間的運用、以及色系搭配，成本控制是否符合需求。

木作櫃子幾乎是裝修時的首選，因應收納需要，各式各樣的收納櫃分布在家裡各個空間。櫃子施工重點在於：1. 側面結合方式，2. 裝飾面的問題。側面結合樑柱或是其他櫃子，安裝時都要小心避免刮傷、碰傷；至於裝飾面，有些需要塗裝，有些不需要，因此不妨先列出櫥櫃木工計畫表，使用什麼材質、注意什麼事項、需要預留什麼樣的孔洞等，都可以一目瞭然，方便施作及監工。

系統櫃可以搭配木作整合，若是工程牽扯到木作的話，要先完成天花板再做櫃子，視預留尺寸的高度做調整，櫃子做好再以木作收尾，這樣的成品品質不輸給傳統木工。

櫃體種類

1 高櫃
160 公分以上
240 公分以下

2 中櫃
90 公分以上，
160 公分以下

3 矮櫃
90 公分以下

老師良心的建議

不必因為擁護傳統木作就不屑系統傢具，也不必為了推崇系統傢具而全然否定木作，兩者相輔相成，可以打造超乎想像的美麗空間。

櫃體結合時加強螺絲釘

木作櫃下方記得要預留出線孔。

木作櫃的間隔層板、抽屜、門板等等都要注意距離、尺寸的準確度。

櫃子監工與驗收

1 櫃體結合注意工法	櫃子結合的時候要以適當的工法來做，在不影響成本、進度的前提下進行
2 載重櫃體注意接合	衣櫃、高櫃等具有載重性的櫃子在著釘、膠合以及鎖合的時候，都要確實並且加強，避免變形減少使用壽命
3 貼皮避免波浪紋路	貼皮應注意可能造成的波浪與凹凸，可用較厚的皮板或者較薄的夾板底板（2.2 或 2.4mm）避免波浪產生
4 收邊做好四面貼皮	避免正面與側面因修飾，造成皮板破皮或突出
5 保護貼好木皮櫃體	工地內嚴禁在皮板加工過的櫃子上，放置任何飲料，表面禁止有水、油或汙漬附著
6 木皮的紋路要對齊	上下門板要有整片式的結合，紋路的方向要一致，且比例的切割都要對稱，避免拼湊
7 特殊貼皮專用黏劑	特殊的貼皮如金屬板、塑膠板、陶質板，要使用適當的貼著劑，避免脫落與不平整
8 注意木芯板條方向	櫃子使用木芯板做層板、隔板，要注意木芯板條的方向，避免載重變形
9 隔板做插拴要對稱	櫃內隔板要確定隔板插栓的兩側要對稱，預留的間距也要夠，避免層板置入時不便或載重後剝落
10 軌道門板注意重量	軌道門板在設計時，要注意門板重量，以及上下固定動線，以免影響使用

認識系統櫃施工

正統的系統櫃都是使用塑合板，基本材料部分用木芯板，差別在不外乎整體空間規畫性，以及人體工學的考慮、使用便利等。隨著接受度越來越高，系統櫃的選擇也更多樣，但也引發許多迷思，有的強調貴就是好，有的堅持用進口五金配件，有的只用品牌判定好壞，這都不是好現象。

破除系統櫃板材迷思

現在各廠牌的系統櫃都強調採用進口 E1 級 V313 板材，不管是泡水 3 天還是乾燥 3 天等，都有標準的測試報告，品質差異不致太大，重點是板材表面的貼材，有浸泡紙類、塑膠印刷、美耐板等多種選擇，迷思在於很多號稱是全世界最好的，但再怎樣好的板材都有優缺點，正常的製造廠都有完稅單，在購買板材時可向廠商要求提出完稅單及檢驗證明，就可以保障購買的板材品質。

🖊 知 識 加 油 站

> ### V313 板材的涵義
>
> V313 指的是板材經過 3 天高溫、1 天低溫、3 天乾燥的程序，重覆 3 次的測試方式而得到的結果，在歐美屬於環保性材質。

破除系統櫃五金迷思

每個品牌的系統櫃使用不同的五金配件，有的強調義大利、德國進口，有的稱台製 Made In Taiwan 最優，其實使用機能是否符合需求才是最重要的。有些系統櫃號稱用德國原裝五金，同樣的一套櫥櫃價格比別家貴了 6~10 萬元，但就算使用進口貨，五金配件的價差不至於那麼高，在計價時不應該因為「五金」的不同就胡亂抬高售價。

破除系統櫃品牌迷思

雖然大廠牌強調保固期及多重保障，但事實上系統傢具的損壞機率低，沒有人為破壞的話，用個十年、廿年也不容易壞，而某些知名品牌強打保固牌，產品貴得太離譜。無論大小品牌，系統櫃好壞的重點在於從業人員對材料熟悉度，包括板材、五金，擅長空間規畫，可以做出合理評估。消費者一窩蜂地比價、比品牌，卻忘了系統櫃施作上的困難而增加成本，想要俗擱大碗的系統櫃，就要避免客製化的特殊尺寸。

破除系統櫃價格迷思

不要相信打幾折的廣告，要以實際完工的價格為主，有些廠商只提供材料報價，隱藏代工費、運費等報價，消費者必須留意，在詢價時務必問清楚連工帶料的價錢，安裝費是否另計之類的，切記要以整體規畫完的總價格為準。若要節省預算，現場安裝時儘量避免有現場施作情況，例如更改櫃子尺寸，尤其是櫃子儘量避免現場裁切，會破壞規格，造成二次使用的機會降低。

無論是配件迷思或是板材迷思，不同板材、不同五金當然會有價差，如果覺得大品牌太貴改找二線品牌，倒不如找工廠直接下單，再委託設計師規畫，當然，要找對櫥櫃、五金、板材有相當了解的設計師，才不會所託非人。

系統櫃監工與驗收

1	面材客製化成本高	施作時間也要算在成本內，如特殊烤漆至少需時 3 個禮拜
2	確認到貨色澤尺寸	系統櫃會有色澤差異性、尺寸差異性，貨到時務必檢查
3	確實與地壁面結合	注意結合面有無凹凸不平，打矽力康時要小心勿破壞櫃體美觀
4	儘量避免現場裁切	現場裁切容易造成粉塵亂飛的空氣汙染，也可能破壞規格

櫃體工程驗收 Ckeck List

點檢項目	勘驗結果	解決方法	驗收通過
01 櫃子結合應以施工規範與適當工法施作			
02 大型櫃具有載重性，著釘、膠合及鎖合要確實並做加強			
03 隔板預留適當尺寸，過大過小都不行			
04 貼皮邊緣是否收縮與破皮刮痕			
05 收邊貼皮要做好四面貼皮，避免正面與側面因修飾造成破皮或突出			
06 木皮板是否同色樣與紋路			
07 皮板施工時桌面與表面禁水、油或汙漬附著			
08 皮板加工過的櫃子桌面應做好防護，不可放置飲料及潮溼物品			
09 測試門板開啟是否平順			
10 把手安裝位置、孔徑與孔距是否正確			
11 門板間距是否對稱一致、平整對稱			
12 特殊貼皮如金屬、塑膠、陶質板應使用適當貼著劑，避免脫落與不平整			
13 使用木芯板做層板、隔板時注意板條方向是否正確避免變			
14 隔板插栓兩側是否對稱，避免層板晃動			
15 軌道門板重量及上下固定動線的方向要確實			

註：驗收時於「勘驗結果」欄記錄，若未符合標準，應由業主、設計師、工班共同商確出解決方法，修改後確認沒問題於「驗收通過」欄註記。

施工前　拆除　泥作　水　電　空調　廚房　衛浴　木作　**油漆**　金屬　裝飾
▲

Chapter 10

油漆工程

選擇水性溶劑或者低甲醛甲苯含量、且符合國家標準的塗料產品！

油漆屬於表面塗裝工程，由於色彩多樣，塗料也因為科技進步而種類繁多，在使用前要注意各種油漆 的用途，但一般約可分為室內、室外或金屬用油漆、木類塗料。另外依特性可分為水性與油性材質，目前選擇趨勢，盡量是以在塗裝後不會對人體或環境造成傷害的材質為主，如低甲醛或無甲苯塗裝。油漆的用途相當廣泛，舉凡室內外，金屬、木材等任何適合塗裝的材質都可應用，只要慎選材質塗裝即可。

項目	✅ 必做項目	注意事項
壁面油漆	1 不論水性漆或油性漆，使用噴刷式工法，漆料要先過濾，這樣漆面才會均勻 2 批土時要注意平整與均勻，施工中可用燈光加強照明 3 避免潮溼或有壁癌，一定要先妥善處理才能上漆	1 油漆後要讓空間中的氣體適當揮發，但門戶的安全仍要仔細考慮 2 修補與批土時，注意門窗邊有水泥渣一定要清除乾淨，以達到收邊平整 3 上漆時鋁門窗收邊有貼防護條，清除時切割一定要漂亮
木皮染色	1 務必事先確認染色劑的色澤，避免想像有落差	1 實木皮板過度磨損，使木皮組織見底板時，要先修補均勻再染色

 油漆工程，常見糾紛

TOP1 才裝潢完天花板的油漆就出現裂縫，每天看到都覺得心情很差。如何避免，見 P202）

TOP2 想重新粉刷家裡的牆壁，找人來估價連工帶料還真不便宜，是被框了嗎。（如何避免，見 P202）

TOP3 工班一直遊說我用噴漆比較平整，做完去工地一看，木地板上都是白點。（如何避免，見 P205）

TOP4 想要統一的感覺請師傅連窗框也上和牆色一樣的漆，沒想到窗框上的漆竟然剝落。（如何避免，見 P205）

TOP5 想把木皮的顏色染深一點，出來的效果跟我想得完全不一樣，師傅說這是正常的。（如何避免，見 P204）

┌─ Part ɪ ──────────────────────

Part1 壁面油漆

黃金準則：專業師傅從補土、批土、底漆，再上面漆，粉刷的質感一分錢一分貨。

早知道　免後悔

為何上好的油漆容易褪色？有壁癌的地方可以再次油漆嗎？為什麼油漆粉刷 DIY 與找師傅塗裝價差那麼大？……想要花小錢讓居家空間煥然一新，最快最有效的方法莫過於重新粉刷了，但是面對油漆工程，人們有太多的疑問，工程花費不是很大，技術門檻也不算太高，卻常常搞得消費者一個頭兩個大。其實只要跟著本章按部就班，油漆工程一點也不難懂，監工沒問題啦！

油漆屬於表面塗裝工程，由於科技的進步，不但色彩多樣，塗料種類更是繁多，一般分為室內、室外、金屬用油漆以及木類塗裝；依特性還可分為水性與油性材質。因應環保與健康要求趨勢，目前大多選擇以塗裝後不會對人體或環境造成傷害的材質為主，如低甲醛或無甲苯塗裝等。

油漆工程屬於裝修的最後幾個步驟之一，大多數在泥作工程、門窗工程結束、木作工程或家具擺放進行前，就會先行油漆粉刷。油漆耗材的計算方式可以根據油漆桶身的詳細說明採購，不同種類的漆會有不同的適用坪數，標示是概略值，例如：1 加侖的油漆經一定的稀釋比例之後，可以粉刷的面積為 15 坪至 28 坪，這是以單一層來計算，若需要漆到 3 層，桶數記得乘以 3。在進行油漆工程前，最好先列出油漆粉刷表，各個空間所需顏色、數量都記載清楚，比較不容易混淆。

油漆施工步驟

**油漆基本功，
1 補 2 批
1 底 1 面**

1 補土，填平凹洞

為基本功，天、壁的裂縫、凹洞、釘孔、接板、金屬焊點處，必須做好第一階段的修補工程。

2 批土，至少 2 次

看牆壁的凹凸面情況，以適當的厚度批土，使牆壁恢復平整，通常批土 2 次以上，還要再經過砂磨才會真正平整。

案由：南京東路
屋主：劉先生　　　　　　　　工程負責人：　陳XX　　　　電話：2665-00XX　　　　緊急聯絡電話 0918-543-XXX

品牌色號 空間 \ 牆面	A	B	C	D	天花板	線板1	線板2	踢腳板	備註
前陽台	ICI平光晴雨漆 玉蘭52175	ICI平光晴雨漆 玉蘭52175	ICI平光晴雨漆 玉蘭52175	ICI平光晴雨漆 玉蘭52175	ICI平光晴雨漆 玉蘭52175				
後陽台	ICI平光晴雨漆 玉蘭52175	ICI平光晴雨漆 玉蘭52175	ICI平光晴雨漆 玉蘭52175	ICI平光晴雨漆 玉蘭52175	ICI平光晴雨漆 玉蘭52175				
客廳	ICI平光乳膠漆 藍鈴白6003F	ICI平光乳膠漆 藍鈴白6003F	ICI平光乳膠漆 藍鈴白6003F	ICI平光乳膠漆 藍鈴白6003F	ICI平光乳膠漆 藍鈴白6003F				
餐廳	ICI平光乳膠漆 藍鈴白6003F	ICI平光乳膠漆 藍鈴白6003F	ICI平光乳膠漆 藍鈴白6003F	ICI平光乳膠漆 藍鈴白6003F	ICI平光乳膠漆 藍鈴白6003F				
主臥	立邦漆平光乳膠 鮮奶油3301-4	立邦漆平光乳膠 鮮奶油3301-4	立邦漆平光乳膠 鮮奶油3301-4	立邦漆平光乳膠 鮮奶油3301-4	立邦漆平光乳膠 橘往2208-4				壁面與天花板色系不同
衣帽間	立邦漆平光乳膠 鮮奶油3301-4	立邦漆平光乳膠 鮮奶油3301-4	立邦漆平光乳膠 鮮奶油3301-4	立邦漆平光乳膠 鮮奶油3301-4	立邦漆平光乳膠 橘往2208-4				壁面與天花板色系不同
小孩房	立邦漆平光乳膠 亮綠4551-4	立邦漆平光乳膠 亮綠4551-4	立邦漆平光乳膠 亮綠4551-4	立邦漆平光乳膠 亮綠4551-4	立邦漆平光乳膠 甜蜜公主0210-4				壁面與天花板色系不同
廚房					ICI平光乳膠漆 藍鈴白6003F				
客浴					ICI平光晴雨漆 玉蘭52175				
主浴					ICI平光晴雨漆 玉蘭52175				
和室	ICI平光乳膠漆 藍鈴白6003F	ICI平光乳膠漆 藍鈴白6003F	ICI平光乳膠漆 藍鈴白6003F	ICI平光乳膠漆 藍鈴白6003F	ICI平光乳膠漆 藍鈴白6003F				

以現場實品、目錄照片為準

油漆粉刷表

3 底漆，至少1層

▶▶ 作用在於防止壁面反潮，讓面漆的色澤均勻，或者防止因木板木酸而出現的水漬紋路。

4 面漆，1～3次

▶▶ 看塗料材質，最少要粉刷2次以上才可以達到均勻。

🖉 知 識 加 油 站

油漆停看聽

Q：什麼是水性漆？

A：所謂的水性漆是用一定比例的水做為調和介質，稀釋塗料，因為加水的關係，水性漆粉刷比較不會致癌，也不會有產生甲醛的問題。

Q：原色漆與調和漆哪種比較好？

A：原色的油漆比較好，在修補時比較不會有色差的問題，至於調色漆，每次調合時容易出現顏色不同的情況，會有色差的麻煩。

Q：防火漆真能防火嗎？

A：一般所稱的防火漆其實不是「漆」，而是一種防火塗料，防火塗料並不是完全防火，而是在一定時間內能夠減緩火災時的燃燒速度，增加逃生安全時間。

Q：油漆完之後為何天花板容易出現裂縫？

A：這是因為板與板之間沒有做好填充材的處理（比如使用 AB 膠），但有時候天花板的支撐度不夠，也會因為地震或過度載重而造成這種情況。補救的方法可以再上一次底漆與面漆，或者裂縫與支撐度的部份再做一次處理。

Q：補土的材料，有哪些選擇呢？

A：AB 膠一般常用於釘凹和接板處；水性矽利康用於天、壁或不同材質接點；黃土又稱汽車補土，用於金屬的焊接凹陷處修補；水泥多用於大面積修補，可加白膠加強接合力。

有時為了節省預算，消費者寧願選擇自己 DIY 粉刷，但一般住家 DIY 僅塗上 1 層面漆，與標準的裝潢塗裝有很大的不同，雖然可以省錢，但無法像專業的師傅粉刷那般持久又具有質感。傳統的油漆手續通常是從補土、批土 2 ～ 3 次、底漆上 2 ～ 3 次，然後面漆再上 1 ～ 3 次，這期間的工錢與成本都很高，但一分錢一分貨的道理絕對不變。

有人會問，用刷子油漆以及噴漆哪一種方法比較好？由於噴漆是透過空氣均勻噴灑，效果會比較均勻漂亮。在人與傢具都尚未搬入時，使用噴漆的方式上漆比較適合，但如果人已經搬入之後，由於需要繁複的保護工作，因此較不適合。如使用刷塗式，則要注意師傅的施工品質與技術的好壞。

潮溼與日照常為油漆褪色主因

有時會發現才上好不久的油漆容易褪色，這時必須觀察，是否因為環境潮溼或是太陽

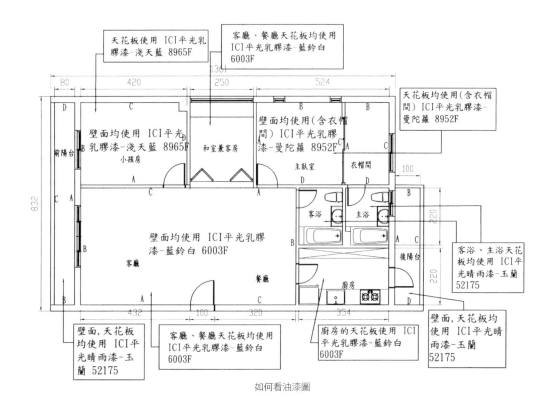

天花板使用 ICI平光乳膠漆-淺天藍 8965F

客廳、餐廳天花板均使用ICI平光乳膠漆-藍鈴白 6003F

壁面均使用 ICI平光乳膠漆-淺天藍 8965F

壁面均使用(含衣帽間) ICI平光乳膠漆-曼陀蘿 8952F

天花板均使用(含衣帽間) ICI平光乳膠漆-曼陀蘿 8952F

壁面均使用 ICI平光乳膠漆-藍鈴白 6003F

客浴、主浴天花板均使用ICI平光晴雨漆-玉蘭 52175

壁面、天花板均使用 ICI平光晴雨漆-玉蘭 52175

壁面、天花板均使用 ICI平光晴雨漆-玉蘭 52175

客廳、餐廳天花板均使用ICI平光乳膠漆-藍鈴白 6003F

廚房的天花板使用 ICI平光乳膠漆-藍鈴白 6003F

前陽台　小孩房　和室兼客房　主臥室　衣帽間　客浴　主浴　後陽台　客廳　餐廳　廚房

如何看油漆圖

過度照射造成的，若都不是，則有可能是因為最初在調配油漆時，比例與成分並未達到標準，致使施工不良。至於某部分油漆容易剝落，最大的原因可能是被塗物底層，如水泥、木頭牆壁沒有做好處理，舊漆沒有事先清除乾淨，或是漆面過厚，都可能導致油漆剝落。

油漆品牌、號碼留存備查

油漆工程完畢，建議保留品牌及號碼，方便未來若有需要時，可以調到相同的漆色修補，若是採用調色的油漆，則建議留下調色樣品及比例。

6招避免用到問題油漆

1 檢視甲醛含量符合標準。

2 水性漆不可用在金屬表面。

3 計算油漆的使用計量以免浪費。

4 同一漆種可選用樹脂含量較多產品較佳。

5 儘量選擇原色澤。

6 確認可以稀釋油漆塗料的材質。

油漆前的補土。

邊緣、轉角、收邊處，更是補土要確實的地方。

　　確認顏色的同時，要看是塗布在水泥還是木皮板等材質上，不同基材產生的顏色，如新舊水泥牆面、木皮素板或皮板等，最好先用一塊基材樣板，先試塗作為上色的參考。

　　確認顏色有兩大原則：一、自然光，又分為室內、室外。室外照度強，顏色最自然，色調也最淺，室內因有遮光窗簾，或照入房間各處的光線量不同，色調和深淺的差異性較大。二、人工光，使用燈具照明，燈泡的演色 2700 ～ 4700，有所謂的黃光、白光、極白光等，產生的色澤有落差，確認顏色前要考慮使用燈泡的演色性，避免認知上的落差。

使用燈泡打光，在磨砂的過程中確認平整度。

★ PLUS 同場加映：木皮染色

現代人希望貼近自然，在室內空間大量運用木質建材，因應裝潢風格變化，木皮染色也成為一種受歡迎的裝飾。如果木皮需要染色處理，無論櫃子或門板，要先確認染色劑色澤，使用水性或油性；如果使用油性染色劑，木皮貼著不能使用強力膠，否則會造成剝落或凸起的情況。

實木皮才會有染色流程，上色均勻是絕對的原則。

木皮染色一定要均勻，避免有斑漬或是紋路、色澤不均的情況。如果實木皮板過度磨損，使得木皮組織見底板時，要先修補均勻，否則不宜染色。染色時切忌分區或分次染色，以免產生色差或不均勻。此外，要避免臨時改色，萬一必須補救，記得染深不可染淺的原則。

消光處理

木材表面多使用亮光漆處理，讓表面呈現光亮感。若使用消光劑，則可讓表現呈現平光的另一種質感。

油漆監工與驗收

1 確認被塗物的清潔	上漆前，先確定被塗物有無油漬、釘口、螺絲孔、裂縫、凹洞或凸起，先做好修補的動作，也要避免漏水或滲水的情形
2 先修補裂縫再上漆	板與板、天花板與壁面結合處裂縫，可使用 AB 膠或水性矽力康填充修補
3 一次調色預留樣品	如需做調色處理，需經過業主、工班與設計師 3 方同意，並做好樣品。最好一次調色完成，以免產生色差
4 上色前對色免爭執	分別在自然光與人工光線下對色，或在黃、白燈光下檢視，避免後續爭執
5 確定油漆塗裝工法	包括噴塗、刷塗、鏝刀或平塗等，因工法不同會有不同的施工時間、成本
6 木類塗裝注意紋路	例如櫃子、壁面皮板等木類，若需染色要先確定顏色，實木皮板的塗裝，則要確定表面紋路處理的要求，以免影響觸感
7 油漆金屬要先去鏽	須注意金屬表面有無油漬或是嚴重鏽斑，先做處理，如果遇到凹凸角部分有焊渣或毛邊，施工前要做修邊處理
8 保護措施避免汙染	施工過程避免影響或汙損其他的材質，噴漆時要特別注意做好保護措施，還有批土的砂磨工程，也要避免灰塵亂飛
9 施工時應遠離火源	油性漆在施工或儲藏時要避免火源，以免造成火災等意外
10 遇壁癌換工法施作	壁面如有水泥凸起、壁癌底質、有壁紙或破洞，要儘快以其他工法修飾處理
11 適時添加防霉塗料	若遇到易受潮或黴菌滋生的牆面，要先進行除霉，並使用添加防霉材質的塗裝料粉刷
12 高架作業注意安全	高架作業除了慎選工法外，也要注意人員的安全維護
13 油漆不可倒排水管	剩餘的油性油漆或餘料，避免倒入排水系統，以免造成 PVC 管溶解
14 油漆未乾 2 次塗裝	想多刷幾層就必須趁油漆未乾，如果表面的油漆已乾燥，再次塗裝，容易剝落
15 亮光漆做消光處理	若塗料表面為亮光漆要作消光處理，以免影響視覺
16 完工後留漆做修補	施工完畢可留置一定數量的漆，以做事後的局部修補處理，尤其是調色過的漆，一定要儲存
17 金屬材上漆先防鏽	室內外用的鐵材易受環境影響，一定要做防鏽處理，如熱浸鍍鋅，或是多次防鏽塗裝。室內則防鏽底漆要上確實。

註：

油漆工程驗收 Ckeck List

點檢項目	勘驗結果	解決方法	驗收通過
01 確定塗裝空間是否有無油漆粉刷表			
02 油漆品牌、顏色、編號是否相符需經設計師、業主、工班三方同意確認			
03 安全維護是否確實如通風、遠離火源避免發生氣體中毒意外			
04 確認牆壁本身的舊漆厚度，過厚事後補救成本提高			
05 舊壁紙是否徹底刮除			
06 牆壁有無漏水及潮溼面			
07 天花板壁板是否平整，釘子確實釘進角材			
08 浴室或潮溼處是否使用不鏽鋼釘，未作防鏽處理日後會生鏽			
09 油性漆或有機溶劑不可倒入各排水系統，會造成融管而漏水			
10 色板與編號是否保留			
11 確實注意批土次數，會影響美觀			
12 較深或裂縫較大的，補土是否確實避免縮凹情況發生			
13 補縫使用水性或中性矽力康，油性矽力康會導致無法上底漆			
14 凸角處是否直角與破損			
15 發霉的牆壁是否先做去霉處理（加入適當防霉劑）			

16 批土是否平整與均勻，可用燈光加強照明

17 批土研磨時有無粉塵四處飄散，造成周邊環境汙染

18 批土兩次以上者要確實做到批土與研磨的處理

19 地面屬軟性建材（PVC 地板或木地板）需做好防護，避免工作椅或重物碰重造成磨損

20 修補與批土時門窗邊的水泥渣要清除乾淨，以達到收邊平整

21 門窗收邊的防護條貼紙要清除切割，清除切割要漂亮

22 木質壁板批土確認有無表面脫膠凸起狀況，若有立刻告知並重新切割、補土

23 底漆顏色層次注意關係到壁面整體的均勻

24 油性底漆塗料色澤均勻攪拌，以免產生面漆顏色不均勻

25 確認噴漆式面漆是否均勻，避免垂流或凹凸不平的橘皮現象

26 確認是否使用老舊壓縮機造成噪音

27 機器下班時確實做到斷電動作避免機器自動啟動

28 噴刷式油漆是否做好漆料過濾雜質漆面才會均勻

29 噴漆前金屬門框與玻璃是否做防護處理，避免造成清潔困難

30 噴漆前地面是否鋪設保護處理，防止汙染地面、石材或磁磚

31 噴漆後的空間是否給予空氣流通讓氣體揮發

32 金屬塗裝需注意表面是否去油與防鏽處理，並注意焊渣以免影響耐用度和美觀

33 確認刷面漆時有無刷毛或灰塵附著應立即清除，避免事後漆面留下痕跡

34 兩牆不同色時收邊是否完整

註：驗收時於「勘驗結果」欄記錄，若未符合標準，應由業主、設計師、工班共同商確出解決方法，修改後確認沒問題於「驗收通過」欄註記。

木皮染色驗收 Ckeck List

點檢項目	勘驗結果	解決方法	驗收通過
01 染色劑確認，色澤是否相符			
02 油性染劑則貼木皮不用強力膠，以免剝落或凸起			
03 確認染色表面是否均勻，避免斑漬或紋路、色澤不均			
04 木皮板是否過度刮磨使木皮見底，見底時需修補均勻			
05 確認染色是否一次染完，避免顏色不同、不均勻			
06 消光處理須先確認光澤程度與表面的均勻度			

註：驗收時於「勘驗結果」欄記錄，若未符合標準，應由業主、設計師、工班共同商確出解決方法，修改後確認沒問題於「驗收通過」欄註記。

補土、批土完成後再上漆

噴漆前要做好保護工作

NOTE

施工前 拆除 泥作 水 電 空調 廚房 衛浴 木作 油漆 **金屬** 裝飾
▲

Chapter 11

金屬工程

鋁窗、金屬門、輕隔間、樓梯，涉及安全與結構不可不慎。

你有算過從室外進到自己家裡，總共要開幾道門嗎？你有想過家裡總共開了幾扇窗？所謂的金屬工程包含了大門、窗戶、樓梯、防盜裝置，還有小到把手、螺絲的五金配件，幾乎包羅萬象，存在於室內、戶外各個空間。門，是所有居家的第一道安全防線，除了美觀，安全可以說是第一考量，與窗戶一樣，目前幾乎以金屬製為主流，但因為台灣的海島型氣候，往往造成金屬製品出現意想不到的損耗，衍生糾紛，如果可以裝修之前多加認識，防範於未然，金屬工程製品要保用 50 年，絕對不會是神話。

項目	☑ 必做項目	注意事項
金屬隔間	1 施工前確定各種金屬尺寸及厚度，拿出設計圖對照，以免錯誤 2 壁面的垂直度要符合垂直、水平與直角的規則	1 金屬框搭配玻璃，一定要做嵌入式設計，不能只用矽利康黏合 2 牆壁先完成才可做天花板，避免先做天花板再做牆壁，因隔音效果會較差
鋁窗	1 檢查鋁窗四邊是否方正，誤差不能超過 2mm，否則窗框會縫 2 安裝鋁窗前，先確定好型號是否無誤	1 鋁料間的結合要有防性填充材，並具備咬合的功能，避免鬆脫、離縫 2 要使用無磁性不鏽鋼螺絲結合結構
金屬門	1 仔細檢查門與框的密合度，避免造成隔音或風切聲，或是灰塵進入等問題 2 挑選室外門要注意防鏽處理與防盜功能	1 門框要確實鎖進牆壁的結構，如果沒有做到，容易產生門框的裂縫 2 裝內外門時須確認開門方向，如把手與把手之間有無碰觸，並考慮進出動向的方便性
樓梯	1 造型扶手在焊接或鎖合時要確實固定，焊接最好採用滿焊方式，結構性較佳 2 做鋼構夾層時，要依現場的跨距，慎選適當的鋼材尺寸、厚度，避免載重出現問題	1 焊接完後焊接點要做好防鏽處理 2 樓梯台階及扶手要符合人體工學
小五金	1 選擇絞鏈須考慮角度、閉合方式、孔位大小，以及門板厚度與重量、材質，還有結合方式 2 不定時檢查螺絲是否有鬆動、螺帽是否固定	1 釘子最忌受潮生鏽，一旦施工後無法保養，成為被釘物的一部分，若生鏽容易斷裂而讓被釘物掉落 2 無論使用哪種螺絲，施工一定要慎選扳手、套頭，施作起來才不費力，鎖起來也漂亮

 金屬工程，常見糾紛

TOP1 輕隔間及磚造牆壁接合的地方陸續出現裂痕，是黑心施工嗎。（如何避免，見 P214）

TOP2 安裝了氣密窗，但還是覺得外面車聲很吵，這是正常的嗎。（如何避免，見 P222）

Part I

Part1 金屬隔間工程

黃金準則：任何關於金屬的材料，第一都要考慮到表面材質的防鏽處理。

早知道　免後悔

在裝修工程中，隔間不外乎可將空間隔成不同的功能運用，依材質通常可分為磚牆、輕鋼構、輕質材質、木作隔間以及 RC 隔間等，除了空間利用之外也要考慮安全以及防火性等因素。隔間時要考慮到人體工學，比如動線、進出人員的方便性，以讓空間達到最大的利用。

因為美觀再加上施工方便，輕金屬隔間近年來十分受到空間設計界的歡迎，尤其輕金屬隔間可適合各種高低樓層、居家、商業空間的隔間工程，但也可用鋼架結合其材質，如玻璃等作特殊造型，或玻璃隔間。

使用輕金屬隔間工程的材料，不外乎為使用鐵板製造成的 C 型鋼架，但也可使用傳統的 C 型鋼，槽鐵、H 型鋼以及角鐵做成的結構工程。不過，目前以 C 型鐵架最為常用，因為有施工快速、成本較低、載重輕、變更空間容易的優點。

認識輕金屬隔間

1 C 型鐵架
用於輕隔間工程
利用鋼架結合方式
▶▶

2 C 型鋼
可用結構或補強工程
▶▶

老師良心的建議

金屬越厚硬度越高,預算許可的話,選用不鏽鋼材質,可以拉長使用年限。

輕隔間及磚造牆壁間出現裂痕

當新裝潢好半年後,常會發現輕隔間及磚造牆壁間陸陸續續出現裂痕,這並不是施工不良所造成的問題,而是物理上「熱漲冷縮」的基本反應!尤其是異質材料交接處最容易發生。處理方式就是用「補土」修護,較細心的方式則是再摻入「樹脂」增加補土的韌性。

其實剛發現裂縫時,除非是工程瑕疵或仍在裝潢保固期中應該立即解決外,如果是自然的熱漲冷縮,最好還是再靜待一陣子等裂縫不再擴大後,再二次施工修復。若輕隔間及磚造間牆壁的裂痕出現超過 0.5cm 以上之大裂縫,建議可能要考慮以水泥修補。

5 招避免黑心金屬隔間

1 確定各種金屬尺寸及厚度,最好拿出設計圖對照,以免錯誤。

2 確定板面的結合材質,如矽酸鈣板、石膏板、氧化鎂板或玻璃等的厚度。

3 隔音或防火填充材,要確認其厚度以及是否符合各式標準。

4 對照金屬材料與施工圖是否符合。

5 輕質水泥填充要確認鋼架承受力。

---

3 H 型鋼

使用於結構或用於補強結構

▶▶

4 角鐵

可用結構補強

金屬隔間監工與驗收

1 表面修飾及結合材質是否一致	確定輕金屬隔間的表面修飾材質是否與設計一致，如壁紙、油漆或貼木皮。板面的結合材也要再確認是否為施工前所確認的材質，完成面的厚度是否相吻合。
2 牆面厚度、尺寸、位置是否與圖吻合	用尺丈量金屬材質，如骨架等，所有的厚度、尺寸是否吻合。另外，檢查其間距是否和圖面所示相同。
3 檢查表面塗裝是否確實	檢查表面塗裝是否確實，特別是釘孔與結合板處。
4 螺絲是否緊密鎖合	檢查施工時的螺絲鎖合是否確實，有無出釘，長度、間距不夠或過大的情形產生。
5 與天地壁的結合是否牢靠固定	結構結合面，如牆壁、天花板與地面是否有一定的強度加強、固定。壁面的垂直度要符合垂直、水平與直角的規則。
6 掛置電視的壁面要做結構加強	若有開關插座位置，如或壁面有掛置鐘、掛置電視的位置，要注意壁面是否有做結構加強。
7 壁面掛置物品的螺絲最好鎖進骨架	如果要掛置物品，其螺絲最好鎖進金屬骨架，或慎選適合於輕質金屬的螺絲釘如蝴蝶釘、專用膨脹螺絲。
8 板與板應留 5mm 伸縮縫	板與板之間是否留適當的伸縮縫，如 5mm 以上。
9 管線應在封板前完成	在封板完成前，要確定內部有無未完成的施工管線，其加強支撐部份有無完成。
10 輕質水泥填充必須確實	如使用輕質水泥填充，需檢驗填充是否確實。若在輕質水泥填充過程中，有泥渣溢出的情形，要盡快做好清除的動作。
11 若有爆板或變形時應停工做補強	灌置輕質水泥過程如發生爆板或是板面結構變形的情況，要立即停止並做好補強的處理。
12 潮溼空間應做防水處理	在潮溼空間如浴室、廚房工程，尤其是牆壁、地板結合處，要事前提出討論要使用何種防水計畫，使用的結合板材，必須考量抗潮性，材質表面是否可貼磁磚、石材或特殊處理等。
13 先做牆壁再做天花板隔音效果佳	輕質金屬工程的施工流程，注意一定要牆壁先完成才可做天花板；避免先做天花板再做牆壁，因隔音效果會較差。
14 與門窗結合預留結合填充處	如有立門窗時，要確定尺寸以及預留的結合填充空間，以及可否作加強性固定。

金屬隔間監工驗收 Ckeck List

點檢項目	勘驗結果	解決方法	驗收通過
01 確定金屬的各種尺寸如厚度、寬度			
02 確定板面結合材質的厚度			
03 中間若有隔音、防火填充材，要確定級數與材質			
04 對照平面、立面圖，確認門窗的高低在 一定的水平高度上			
05 內置的骨架的間距達到一定的施作標準			
06 確定表面修飾的工法與材質			
07 表面塗裝是否確實			
08 間距是否和圖面所示相同			
09 螺絲鎖合是否確實，無出釘、長度、間距不夠的情況			
10 壁面要符合垂直、水平與直角的規則			
11 掛置重物處的牆面有結構加強			
12 封板完成前要確定內部有無未完成的施工管線			
13 板與板之間是否留適當的伸縮縫			
14 使用輕質水泥填充，已確定鋼架與板子可承受填充材的重量			
15 在潮溼空間施作，要確認防水計畫是否確實，尤其牆壁、地板結合處要特別注意			
16 潮溼空間的板類材質具抗潮性			
17 輕質金屬工程施工牆壁要先完成才可做天花板，若程序相反隔音效果會較差			

註：驗收時於「勘驗結果」欄記錄，若未符合標準，應由業主、設計師、工班共同商確出解決方法，修改後確認沒問題於「驗收通過」欄註記。

Part 2

金屬門工程

黃金準則：住家大門最好選擇有防爆、防火、防盜功能的產品。

早知道　免後悔

從大門到窗戶、樓梯、五金把手螺絲，因為台灣溫暖潮溼的氣候，任何金屬工程第一都要考慮到金屬材料的防鏽表面材質處理，因為金屬最怕氧化，其次才是考慮安裝機能性、結構力、成本，以及後續維修性。以大門為例，由於大門一面在室內，一面卻向著室外，在大樓裡的住戶還好，大門還算在建築物內，若是透天厝或公寓1樓的大門、鐵捲門，就必須考慮陽光、空氣、水會導至大門褪色生鏽的問題；所以，室外型大門一定要考慮防水，最好能經過不鏽鋼陽極處理。

一般而言，金屬製門可分為鋼鐵、不鏽鋼以及鋁製門或其他特殊金屬等。鋼鐵門，鋼的特質比鐵來得硬，所以鋼製門具有不易變形、硬度強度較高等特性，安全性相對也較高；鐵門若達到一定厚度，則安全性也可與鋼製門相較。至於不鏽鋼門有分等級，與鐵質與含鎳量多寡有關，一般可分為鏡面、表面毛絲面以及化學咬花等種類，表面大部分使用陽極處理，但也有使用特殊或專用的塗裝處理。鋁合金製門可分為單一基材種類，表面有陽極處理以及烤漆塗裝，但也可與其他材質如玻璃、PS 板混合應用。

鐵門指的是鐵板製造，沒有經過氧化處理，純鐵類材質建議選擇經過熱浸鍍鋅處理，雖然它的成本「鐵」是以公斤計價，而經過熱浸鍍鋅處理後的成品計價以面積的才數算，看似比一般鐵件成本高出了 2 ～ 3 倍，但可

金屬門適用場所

1 鋼製鐵門

多運用於大門，具有防盜功能，多以押花修飾

圖片提供 _ 高捷金屬門

▶▶

2 不鏽鋼門

多用於室外大門或次要的後門

圖片提供 _ 高捷金屬

老師良心的建議

金屬門若安裝在會風吹雨淋的室外,要選防鏽處理良好如不鏽鋼材質或熱浸鍍鋅等處理的產品。

耐用 50 年,仍是相當划算。一扇好的鐵門建議選用鍍鋅鋼板,表面再使用經常接觸性磨損耐候的表面處理塗裝,而大門所有配件儘量選用不鏽鋼等耐候材質,若是合金材質,至少也要挑選鑄鐵、鍛鐵等鍍鋅材質,就能拉長使用期限。

選用電動門、防火門必知

電動鐵門務必有防夾裝置,在不影響防盜性下,做方便開啟設計,也要考慮後續維修方便性。

防火標章

知 識 加 油 站

熱浸鍍鋅的原理

簡單的說就是將已經清洗潔淨的鐵件,經由 Flux 的潤溼作用,浸入鋅浴中,使鋼鐵與熔融鋅反應生成一合金化的皮膜。如此,整個鐵材表面均受到保護,無論在凹陷處管件內部,或任何其他塗層很難進入之角落,溶融鋅均很容易均勻的覆蓋上,達到防鏽防蝕的效果。

資料來源:中華民國熱浸鍍鋅協會(www.galtw.org.tw/info.htm)

3 鋁合金門

▶▶ 大部分用於化妝室或是後陽台門,若經過精細的塗裝或貼印處理,可用於裝飾性的大門

4 硫化銅門

▶▶ 常用於室內門或分租套房門,樣式較簡單

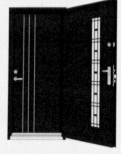

圖片提供 _ 高捷金屬門

因應居家安全，防火門需求越來越高，根據消防法規，防火門門扇寬度應在 75 公分以上，高度應在 180 公分以上，每扇面積不得超過 3 平方公尺，除了要有防火認證章，確認編號，安裝時也要小心周邊承重力夠不夠，以及確認防火係數。

5 招避免用到黑心金屬門

1 選擇有品牌的產品。

2 清點配件。

3 特殊門要掌握訂購時間。

4 確認地面高度。

5 目測鋼板厚度。

金屬門監工與驗收

1 門框架設要預留高度	注意門框預留高度，這關係到日後內部空間若要進行地面加高工程，與地面水平的高低差將影響開啟的機能性
2 鐵門門框要鎖進牆壁	要確實鎖進牆壁的結構，如果沒有做到，容易產生門框的裂縫，此外，螺絲也可直接以電焊方式固定在結構裡
3 檢查門框與門板間隙	安裝前先檢查門框與門板的間隙，不能過大或過小，安裝時，門要確定垂直、水平與直角
4 焊接處要做平整處理	如有焊接部分，要注意表面有無做平整處理，避免過度明顯的結合痕跡
5 檢視表面塗裝完整否	注意表面是否有塗裝不均勻、凹洞，或門板有明顯色差，塗裝類的表面要避免刮痕、邊角掉漆
6 確認門鎖對稱、同高	確認門鎖有無對稱、相同高度，避免開關過程不順、或操作困難
7 多次開啟以檢查鬆動	門片與門框的開啟方式有活頁型、鉸鏈型、地鉸鏈式、天地栓等，在安裝前要先確認，並多次開啟檢查是否容易造成鬆動、出現雜音或晃動
8 兩片式門片對齊密合	如為兩片式以上的門，要注意門片的高低及縫隙有無對稱、密合，若門上有紋路也應對齊
9 確認附屬配件齊全否	例如修飾條或貼皮皮面，要注意是否確實結合固定，尤其是消音墊片
10 可使用門弓器抗風壓	若大門開在風壓過大的場所，可考慮使用門弓器或具緩壓性的鉸鏈五金
11 安裝輔助性防盜配件	如貓眼、門中門或者扣鍊等，檢視操作使用是否適合全家大小
12 確認門檻間隙要適中	檢查門的密閉是否確實，避免過大造成灰塵入侵，隔音係數降低，也要避免門檻避免過高，造成進出不便
13 天地鉸鏈須荷重耐用	如有做天地型鉸鏈設計，要考慮鉸鏈荷重與開闔次數（即耐用度），是否與鐵門重量相符

金屬門監工驗收 **Ckeck List**

點檢項目	勘驗結果	解決方法	驗收通過
01 門框是否預留適當高度（與地面水平的高低差）			
02 鐵門門框是否確實鎖進牆壁結構中避免產生門框的裂縫			
03 厚重型的鐵門框是否有加強固定			
04 鐵門有無做保護處理（避免損壞或碰撞產生毀損）			
05 裝內外門確認開門方向與把手相互磁撞，考慮進出動向的方便性			
06 裝門鎖確認孔距是否吻合			
07 確認門板與框是否密合避免造成風切聲或灰塵			

註：驗收時於「勘驗結果」欄記錄，若未符合標準，應由業主、設計師、工班共同商確出解決方法，修改後確認沒問題於「驗收通過」欄註記。

Part 3

鋁窗工程

黃金準則：拆除舊鋁窗更新，結構牆面和鋁窗要留 2 ～ 5 公分作防水水泥砂漿填充。

早知道　免後悔

窗戶對於居家而言，是與外面的連結，也是讓光線穿透進室內的重要管道，同時也是演著阻隔風雨的角色，安裝得宜，可以讓住的舒適度大大提升，若安裝不當，則容易造成滲漏水，影響生活品質。目前大部分的居家都採用鋁門窗，鋁門窗要如何才能有最好的安裝？玻璃的厚薄是否真的和隔音有絕對的關係、安裝時又該注意哪些事項呢？

鋁門窗、採光罩大部分使用鋅鋁合金的合金材質，記得要選用經過風雨實驗的建材，建議選擇有正字標記的，或經中央標準局認定的，購買時必須確定品牌、型號、尺寸、圖型、表面處理、顏色及配件。

大型落地式門窗的金屬多半是中空材質，可以在裡面或外部做一些水泥結構及補強式填充，防止因颱風等外力因素變形或爆裂，往外爆是公共傷害，往下落是私人傷害，都可能吃上官司。

鋁門窗框架設好，收邊縫要灌進加了防水劑的水泥，邊縫補好再作細部的泥作修補。

認識鋁窗各部位元件

1 軌道
分為全內拆
內外拆 全外拆

▶▶

2 窗框
考慮框厚度與
現牆厚度有無

▶▶

3 窗架
尺寸與結構
固定性、以
防水 **ST** 為佳

▶▶

老師良心的建議

氣密窗和隔音有密切關係，分貝數數越高隔音越好。

6 招避免用到黑心鋁窗

1 確認型號：每個品牌各有不同防颱強度隔音系數，可請廠商提供。如 k8/m2

2 確定圖型：確定尺寸、氣窗高度、天窗寬度等，另外，開關方向與進來的空氣有關，須注意。

3 表面處理：包括特殊塗裝、陽極處理、液體塗裝、粉體塗裝活氯碳化物、陶瓷面等，與使用環境有相對影響，有些適合平地，有些適合溫泉區海濱。

4 選定顏色：每個品牌都有固定色系，若選用特殊色要考慮成本及製作時間，一般以標準色為主。

5 檢查配件：任何配件螺絲、門扣、鑰匙、連動桿、滾輪都要用耐候材質，重點在於維修性好不好，有無替代材質。

6 選用玻璃：玻璃分為噴砂、壓花、清光透明、有色的，厚度有別，加工又分強化、複層、夾式、內部機能性、有無加裝防盜桿，要注意材質，中空複層要考慮到防霧，重量與滾輪好壞有關，承重量過重容易造成故障，與型號價差有影響。

內部抓直角。

外部抓排水坡度以助排水。

4 玻璃
厚度、色、透光或不透光類加工如強化、中空、夾式

▶▶

5 滑輪
有 ST、ABS、Fe 選擇以 ST 為佳

▶▶

6 門扣
有加鑰匙

▶▶

7 連動桿
用在防盜，加強氣空與強度。

隔音窗並非完全隔音，而是有一定的分貝係數，要先詢問廠商，數據與價差會有關係。隔音窗的隔音係數一般以分貝為單位，通常是 20 分貝以上（20、30、40 分貝都有）。氣密窗又稱「防風窗」，可避免風吹入，可請專業人士現場以其算方式檢測，看看當門窗緊閉之後，從外面流入多少氣體有多少，最好請廠商提出檢測合格證明。鋁窗送到現場之後，要檢查消音條、隔音條的橡膠墊片是否有就位。

鋁窗監工與驗收

1 確定型號詳閱説明	確認抗風壓係數、隔音分貝數等，產品送到現場時要比對，檢驗圖形尺寸與窗形是否一致
2 檢查窗框是否刮傷	確定塗裝情況，不可以有刮傷底材的情況
3 螺絲須無磁不鏽鋼	鋁窗的結構在結合時，要使用無磁性的不鏽鋼螺絲，以避免生鏽造成損壞或脫落
4 防水填充料要密合	鋁料與鋁料的結合採用有防水性的填充材，須具咬合功能，避免鬆脫、離縫
5 尺寸誤差勿逾 **2mm**	檢查鋁窗四邊是否方正，尺寸必須要一致，誤差不能超過 2mm
6 立框施工程序正確	1. 使用可調式的材料如木條、報紙，做調整與臨時性的固定，要確定框的上下左右預留 1～3 公分的離縫，方便做防水填充，加進適當的水泥做結合，或用無磁性的不鏽鋼螺絲來固定 2. 隔天填充水泥時，確認加入適當的防水劑，水灰比必須以 1：2 的比例調和，灌注前記得將臨時固定的填充料拆除，避免事後的腐爛與漏水
7 灌漿避免水泥溢流	灌注水泥漿前，確認鋁窗是否水平或垂直，灌漿時要防止泥漿溢流至外牆造成污損，必要時盡速以水洗乾淨
8 內窗矯正滾輪把手	架設鋁窗時，要確定內窗的滾輪與把手活動性是否靈敏，要做最後確認與矯正
9 禁止溝槽處有殘留	如果有粉泥渣的話要清除乾淨，避免造成表面刮損，或滾輪機能性受損
10 凸窗要防水防噪音	採光罩凸窗的凸出面與牆壁結構處，要做好防水，結構腳架與牆壁結構結合，要確實鎖合螺絲，事先可做隔音處理，防止下雨造成噪音
11 採光罩加壓條處理	最好在架設採光罩的 PS 板上方加壓條，加強防漏水，或因強風吹襲而造成 PS 板的剝落
12 安裝玻璃預留空間	尤其是固定式玻璃，要預留伸縮空間，以免因地震產生爆裂或單點撞擊的破裂
13 大片玻璃加強支撐	記得加上鋁壓條，並做好防水結合，才有足夠支撐，嚴禁只打矽力康處理，在安裝完鋁壓條、鎖好之後，再打一次矽力康
14 紗窗慎選耐用紗網	注意紗窗本身與框料必須穩固結合，避免使用造成脫落移位，紗網要有適當孔隙，過密影響空氣流通，過疏則蚊蟲容易進入室內，要注意材質是否耐用
15 鋁窗清潔禁菜瓜布	避免使用粗糙的布料或菜瓜布擦拭鋁窗，也嚴禁用有機溶劑如香蕉水、去漬油擦拭烤漆式鋁窗框，而具有酸鹼性的清潔劑禁止用在具陽極電鍍處理的鋁窗，以免造成表面傷害

鋁窗工程驗收 Ckeck List

點檢項目	勘驗結果	解決方法	驗收通過
01 檢查實物的圖形與尺寸是否相符，品牌型號是否相符			
02 確認開啟門窗方向是否正確			
03 確認塗裝表面是否有明顯刮傷或凹陷，刮傷底材則不可接受			
04 鋁窗所使用的螺絲是否為無磁性的不鏽鋼螺絲，避免生繡造成結構損壞			
05 鋁料間的結合需確認有無防水填充材（咬合功能）避免鬆脫、離縫			
06 鋁窗是否方正，誤差須在 2mm 內			
07 檢查扣具、把手是否定位鎖合			
08 立框時是否注意垂直、水平與直角			
09 立框時是否確認窗框各邊預留 1 ～ 3cm 的防水填縫，作為防水填充			
10 立框填充水泥時是否有加適量防水劑（水灰比 1：2）			
11 灌漿需注意有無泥漿溢流造成污損內外地、牆面，盡速用水洗乾淨			
12 灌漿前要再次確認門、窗是否水平或垂直，避免施工後出現歪斜現象			
13 架設鋁門窗需確認內窗滾輪與把手活動是否靈敏			
14 檢查溝槽有無粉泥渣殘留清除乾淨，避免造成溝槽刮傷及滾輪機能受損			
15 採光罩與牆面結合處是否做好防水處理			
17 安裝玻璃有無預留伸縮縫，避免地震或撞擊的破裂			
18 大片固定玻璃是否加上鋁壓條及防水處理，裝完鋁條再打一次矽力康			
18 紗窗本身與結合框料有無穩固結合			

註：驗收時於「勘驗結果」欄記錄，若未符合標準，應由業主、設計師、工班共同商確出解決方法，修改後確認沒問題於「驗收通過」欄註記。

Part 4

樓梯工程

黃金準則：樓梯要細緻，焊接、螺絲接合、造型設計等要充分溝通。

早知道 免後悔

樓梯為空間穿透的主要結構體，具有多種建材的選擇，可依照不同的產品呈現不同的風格與感覺，結構上與使用的動線與安全是首要的考慮，因此，支撐力與減音系數成為樓梯施工的 **2** 大重點。

　　鋼構樓不外乎採用鋼鐵材質，可分為不鏽鋼、鐵製或特殊金屬等，踏板可分為滿板式、透空龍骨結合木踏板，或鋼板式的，無論哪一種都要考慮到結合力與支撐力要足夠。此類樓梯多運用在挑高房屋或者室內外空間，須注意的是金屬價格波動大，避免時間差距而產生過大的價差。

　　至於其他非金屬樓梯，扶手也有可能使用金屬、木頭、玻璃或者其他混合材質，最高原則是避免人員墜落，因此基本高度至少 75 公分以上，視安全性考量調整高度。扶手欄杆有的面靠牆一面不靠牆，金屬欄杆要考慮數量換算，在不影響寬度下，樓梯多高欄杆就要有多長。

　　樓梯在上樓後轉折的過程裡，扶手欄杆會有收邊問題，若沒有做好接點處理，容易有危險，設計師在樓梯圖面時就要做好說明。

樓梯組成元素

1 鋼構

不鏽鋼、鐵製或特殊金屬

👷 老師良心的建議

鋼板厚度要足，焊接點數量確實到位，與樓板結構結合處確實固定，就能將樓梯聲響降到最低。

若木梯與鍛造鐵件結合時必須確認結合是否確實。

扶手與樓梯鎖合。

6 招避免黑心樓梯

1 樓梯踏階間距不要過大，以免人員掉落。

2 先確認樓梯表面採取塗裝或陽極處理，涉及使用年限長短。

3 以焊接或螺絲鎖合，事先要溝通。

4 不同材質結合差價大要小心。

📝 知識加油站

陽極處理

為一種電解過程，電解液通常為鍍著金屬的離子溶液，被鍍物作用則有如陰極。陽極與陰極間輸入電壓後，吸引電解液中的金屬離子游至陰極，還原後即鍍著其上。由於一般鋁合金很容易氧化，陽極處理的目的即利用其易氧化之特性，藉電解化學方法控制氧化層之生成，以防止鋁材進一步氧化，同時增加表面的機械性質。

5 估價時要列清楚細項如立柱、板子厚度、欄杆造型或塗裝費用。

6 選購前注意扶手是否能與現場樓梯結構互相吻合。

---

2 踏板
滿板式、透空龍骨結合
木踏板、鋼板式

3 扶手
金屬、木頭、玻璃、
其他混合材質

樓梯與扶手監工與驗收

1 樓梯避免撞擊樑	要注意樑與樓板的高度，避免產生撞擊點，也要檢視樑下與樓板處是否結合好
2 高度計算要確實	兩個空間各有不同地面，例如 1 樓是木地板、2 樓是磁磚，先確定 2 層地面的水平線高度，計入為樓板高度，與現有的高度整合計算
3 須預留鎖合空間	龍骨式樓梯以螺絲鎖合木製踏板，要預留穿孔與鎖合空間。且螺絲要選擇平頭或圓頭的，比較美觀安全
4 踏板的厚度要夠	踏板材質不同，處理與加工方式也不同，木踏板厚度至少 3 公分以上，磁磚、石材或鋼板的厚度、支撐力要夠
5 龍骨須鎖合樓板	龍骨與樓板間的結合點要確實鎖合固定，避免產生晃動與鬆脫
6 鋼材厚度需 5mm	樓梯本身的鋼材厚度要確認，至少要有 5mm 以上，可視現場人員載重考慮增加
7 焊接點磨平處理	樓梯的焊接點要做磨平與修邊處理，油漆與烤漆修補要確實，維持表面平整與光滑的美感
8 過長樓梯要支架	過長的樓梯底下記得要做支撐底架，確認是否垂直支撐
9 側板封板須美觀	樓梯側板的樣式可考慮做二次表面加工，以求美觀
10 欄杆與坡度平行	扶手欄杆與樓梯坡度必須平行，異材結合要確實
11 焊接避免留焊渣	焊接要注意有無焊渣或毛邊，避免多餘或不必要的皺摺與凹痕
12 塗裝前先去油漬	鐵製品烤漆前要注意先做好去油、去鏽處理，室內可使用紅丹漆作為多層底漆防鏽，焊接點則要做補土
13 扶手考量載重性	學校的樓梯扶手，務必使用具一定鋼性的材質，強度才夠，而室外樓梯的扶手建議使用熱浸鍍鋅處理材質
14 鍛造扶手要對花	注意花紋的對稱點是否一致

樓梯及扶手監工驗收 Ckeck List

點檢項目	勘驗結果	解決方法	驗收通過
01 結合方式如焊接、螺絲鎖合等工法，事先溝通清楚，會影響整體美觀			

02 注意樑與樓板的高度以及距離，也就是可能的撞擊點，如樑下與樓板處，方便水泥結合

03 兩個樓層之間的水平高度要確實計算，尤其樓層地板使用不同材質時也會影響到水平高度的數據

04 龍骨式樓梯以螺絲鎖合木製踏板，要預留穿孔與鎖合空間

05 樓梯本身的鋼材厚度要確認，至少要有 5mm 以上，影響樓梯載重

06 樓梯的焊接點要做磨平與修邊處理

07 油漆與烤漆修補時有無確實，會影響整體美觀

08 踏板的材質、處理與加工方式，要與設計師、工班確認施工方式，避免事後糾紛

09 不鏽鋼扶手使用焊接式工法時要避免焊渣、黑點產生

10 螺絲鎖合所使用的螺絲長度是否適當，要避免牙崩情況，會造成意外刮傷

11 扶手在焊接或鎖合是否確實固定，焊接後有無作好防繡處理

12 裝設時扶手欄杆和樓梯坡度有無平行

13 鋼索式的不鏽鋼扶手，要注意鋼索是否有斷線情況

14 實木扶手與地面的結合方式是否牢固，轉合處是否有確實結合

15 鐵製扶手的造形處要避免多餘或不必要的皺摺與凹痕產生

16 鐵製扶手的鐵材厚度要足夠，避免過薄情況發生，過薄會變形、斷裂

17 鐵製扶手要先確認烤漆顏色以及塗裝的層數

18 是否考量樓梯架構與牆壁結構等結合後的載重力

19 焊接時地面有無作適當的保護處焊渣破壞磁磚石材

20 結構以鎖螺絲結合一定要套華司墊片（加防繡處理）

21 室外鋼構有無考量風壓與防水表面處理

22 室外樓梯的扶手要使用經熱浸鍍鋅處理材質

註：驗收時於「勘驗結果」欄記錄，若未符合標準，應由業主、設計師、工班共同商確出解決方法，修改後確認沒問題於「驗收通過」欄註記。

Part 5

小五金工程

黃金準則：裝潢五金分櫥櫃、廚具、木工，選用考量機能、維修便利與預算。

早知道　免後悔

五金多半藏在看不見的地方，但對於使用空間的流暢舒適度大有關係，價差也很大！一般裝潢五金分為櫥櫃五金、廚具五金、木工五金三大種類，一般可交互使用，進口與國產的價差有時會到 5 倍，沒有絕對的好壞，還是回歸到預算上，就像進口車與國產車，各有優缺，好車若沒有妥善保養與使用，也可能很快損壞，國民車若是細心照顧，也能開得長久。

五金包羅萬象，除了門把、鉸鏈、釘子，還有滾輪、滑軌等。門把種類繁多，材質多樣，選購前應特別要注意功能是否符合需要。至於鉸鏈，則是廣泛運用在各個門窗或抽屜，必須考慮角度、閉合方式（蓋式或嵌入式）、孔位大小，以及使用在門板上，門板的厚度與重量、材質（金屬、玻璃、木質），還有結合方式（焊接、鎖上）等；最好選擇經過機械測試，有開啟次數數據的產品。此外，18 與 24 鉸鏈不同，切莫混用。

至於滾輪，多用在拉門或窗戶，須考慮門板的厚度、材質、重量，在機能性上分為上掛式、落地式、平貼式等，尤其是上掛式須考慮軌道的種類再選擇適當的滾輪種類，最好先繪製施工圖，也要考慮後續維修方便。軌道有一字型、V 字型與 U 字型，若採用無軌式立柱型，則切記要預留適當的接觸點，而無論下軌與上軌式種類，都必須先確認軌型。

常見小五金種類

1 門把

固定型、可動型、可動式如水平鎖喇叭鎖

2 鉸鏈

蓋式鉸鏈、入柱鉸鏈、蝴蝶鉸鏈、多角度鉸鏈、埋入式鉸鏈

👷 老師良心的建議

裝潢五金分櫥櫃、廚具、木工，選用考量機能、維修便利與預算。

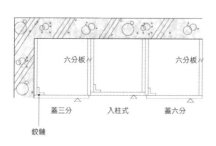

軌道施工圖

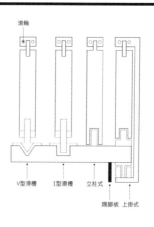

軌道種類

✏️ 知 識 加 油 站

保養鉸鏈輕鬆 2 招

好的鉸鏈不定時做防鏽及調整處理，就可以延長使用年限，可以經常檢查螺絲是否鬆動，不定時調整鉸鏈內的螺絲，避免因使用過久而有摩擦性雜音；而潮溼的地方偶爾做適當的防鏽處理，上上防鏽油或潤滑油，開闔就會很 OK。

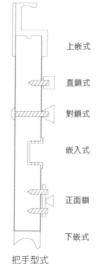

把手型式

小五金還包含抽屜滑軌，種類不外乎傳統機械性、連動性、緩衝型連動性等，先確定使用機能需求性，重點要有適當深度；其中，緩衝型連動性滑軌國產與進口產品價差大，安裝方式也不同，必須注意。

---

3 釘子

鐵製釘、鋼製釘、不鏽鋼釘、火藥釘、正面性鎖合螺絲釘、膨脹性鎖合螺絲釘、穿透性對鎖螺絲釘

▶▶

4 滾輪

上掛式、落地式、平貼式

▶▶

5 滑軌

傳統機械性、連動性、緩衝型連動性

把手部分種類繁多，有上嵌式、嵌入式、圓形、一字形、對鎖式、直鎖式、下嵌式等，選購的重點包括：先確定 4 孔原理、螺絲尺寸要對、門板的厚度，以及採用膠合或鎖合固定方式等。把手材質有金屬、木頭、玻璃、陶瓷，確認顏色，固定方式及位置，還要顧慮後續更換的方便性。

放置於衣櫃裡的拉籃、吊衣桿等，也屬於小五金範圍，通常以不鏽鋼或氧化處理的鐵為主要材質，選購重點在於固定性及整體美觀，至於具有緩衝系統的小五金，無論是油壓式、齒輪式都要考慮載重量，尤其掀床、化妝台的機械性掀板，務必選擇具緩衝功能的，以防夾傷意外。

拉籃五金可選緩衝式。

各式釘類與使用須知

以鐵製成的釘子，最早叫做「洋釘」，一般稱之為「鐵釘」，以英吋為單位，成本低，是以手工接合，一般適用在木作工程，如櫥櫃、壁板。鐵釘分為裸鐵（不做表面塗裝）及鍍鋅鍍亞塗裝處理二種，建議不要使用在潮溼空間。

不鏽鋼釘是鐵與一定的鎳的結合，標準的不鏽鋼釘含鎳量較足，可以用磁鐵作測試，可吸附則表示含鐵量較高，一般表面不做塗裝。無論是木作或泥作，均適合使用。好處是不會因為生鏽而造成鏽蝕斷釘或鏽漬產生。若適用於戶外做材質接合，像是陽台、騎樓天花板等等，一定要使用不鏽鋼釘。

螺絲的使用，不外乎靠旋轉式的扭力 面鎖合、穿透性的對鎖以及膨脹性鎖合。所謂的「正面性鎖合」，尾部屬於尖銳型，頭部有圓頭、扁頭、十字型、一字型的，也有鐵製、鋼製與不鏽鋼製。正面性鎖合的螺絲釘適合鎖在木製類、塑膠、矽酸鈣板等軟性材質上。

膨脹性鎖合螺絲釘是借用尾部闊孔原理，達到被鎖合物一定的結合力，其材料有 相當多樣，有鐵製、不鏽鋼製與塑膠製三種。不鏽鋼膨脹性鎖合螺絲釘——適合室外與浴室等容易受潮的空間。至於塑膠與鐵製的膨脹性鎖合螺絲釘——造型 多樣，可在各種不必負荷重物的地方使用，像是在掛衣架、輕隔間等。

所謂「穿透性的對鎖」，是屬於有螺絲與螺帽組合，螺絲是平頭，一般都運用在板與板之間的接合，有的則是不用螺帽，分為外六角、內六角以及梅花型，因施工要求來決定適當的螺絲，因需施工需要來決定使用方式。最常見運用在系統傢具與廚具上。

釘長應為被釘物的 2～2.5 倍。

✎ 知 識 加 油 站

> ## 尾部闊孔原理
>
> 　舉例鑽個 1 cm 的孔徑，藉由螺絲鎖合的過程，不管是壓或拉的方式，使尾端的材料達到一定的膨脹而造成擴大，變成一種支撐力，比原始鑽的孔洞口徑更大，使被鎖合物達到一定牢固。

門把監工與驗收

1 塑膠類內置金屬螺牙	考慮耐用性，本身成分是否耐受壓，裡面鎖合處是否容易鬆動，測試邊緣是否容易掉漆
2 金屬類電鍍應當均勻	銅製品注意螺絲孔內部是否完全為銅的顏色，避免替代金屬混淆；大多數金屬採用電鍍，塗裝與電鍍過程要均勻，表面不可有撞擊或凹痕、刮痕與掉漆
3 木製品顏色紋路一致	顏色與紋路、色澤不能差異太大，檢查螺絲底座是否容易鬆動
4 玻璃壓克力應無毛邊	材質本身結合處要注意鎖合、貼著是否確實，勿有鬆脫的情形，也不可有毛邊、缺角或者凹陷、拋光不均
5 確定 4 孔鎖合要確實	確定 4 四孔而施工後，避免更換把手，埋入、嵌入式把手，孔徑要確定，貼著、鎖合要注意
6 確認螺絲施力勿過大	要確定螺絲長度、螺牙牙徑、平頭或圓頭，鎖螺絲在穿孔時，避免施力過大，造成出口處破損
7 玻璃門要先安裝墊片	鎖玻璃門要裝上適當墊片，以免造成爆裂
8 確認被鎖物的支撐力	正面鎖時要確實，被鎖面厚度要足夠，木板與夾板等材料避免過薄，以免出現受拉力時脫落
9 把手位置要確認校正	確定有無高低、偏位，同一面積的把手鎖合，可先打水平線，訂出標準高度線

鉸鏈監工與驗收

1 看門板與選鉸鏈	鉸鏈使用的數量與荷重，與門板的重量有關，厚度與間隙不同，使用的型號也不同
2 表面均勻無毛邊	電鍍應均勻無生鏽，也要避免金屬皮膜脫落或毛邊
3 測彈簧韌性彈力	鉸鏈內有簧片或彈簧，可測試韌性及彈力是否足夠
4 看說明書再安裝	先了解型號及安裝方式，參照原廠說明施工，也要注意 4 孔原理
5 要進行開啟測試	安裝後一定要開啟測試，注意是否有雜音
6 邊緣縫隙須適中	門板與櫃子間邊緣的縫隙不能過大或密合不確實，可適當調整
7 門板間對稱平整	門板與門板之間不能無傾斜、上下左右要對稱平整
8 不可用替代螺絲	螺絲使用原廠或同型號螺絲，避免使用替代螺絲，也要避免過度強力結合，以免破壞櫃體或門板
9 玻璃式使用墊片	玻璃式鉸鏈要使用墊片，避免鉸鏈碰觸到玻璃造成爆裂

五金把手監工驗收 Ckeck List

點檢項目	勘驗結果	解決方法	驗收通過
01 塑膠門把本身材質是否耐受門把壓力			
02 塑膠螺牙鎖合時施工要注意，過於猛力會造成牙崩			
03 銅製品螺絲孔內部的材質是否完全為銅			
04 表面沒有撞擊與凹痕、刮痕與掉漆			
05 毛絲面拋光處理有均勻			
06 貼飾材要確認結合牢固			
07 背後與正面的孔位是否對稱			
08 木製把手螺絲底座結合是否確實			
09 壓克力把手結合處的鎖合、貼著是否確實			
10 嵌入式的把手確認各面塗裝都確實			
11 螺絲長度、螺芽芽徑，螺絲頭形狀都已確認			
12 玻璃門鎖合有裝上適當墊片			
13 被鎖物的支撐力足夠			
14 埋入或嵌入式把手孔徑確實			
15 把手已經過校正，確定沒有高低、偏位的情況			

註：驗收時於「勘驗結果」欄記錄，若未符合標準，應由業主、設計師、工班共同商確出解決方法，修改後確認沒問題於「驗收通過」欄註記。

鉸鏈監工驗收 Ckeck List

點檢項目	勘驗結果	解決方法	驗收通過
01 用的鉸鏈種類要確認			
02 電鍍塗裝確實均勻			
03 簧片與彈簧的韌性確實足夠			
04 鉸鏈沒有金屬皮膜脫落與毛邊的情況			
05 確實按照四孔原理安裝			
06 開啟測試確認沒有雜音產生			
07 門板與櫃子的縫隙適中			
08 結合點沒有鬆脫情況			
09 門板與門板之間無傾斜的情況			
10 底座或門板的厚度與支撐力都足夠			
11 玻璃式鉸鏈要使用墊片，避免玻璃爆裂			

註：驗收時於「勘驗結果」欄記錄，若未符合標準，應由業主、設計師、工班共同商確出解決方法，修改後確認沒問題於「驗收通過」欄註記。

施工前 拆除 泥作 水 電 空調 廚房 衛浴 木作 油漆 金屬 **裝飾**
▲

Chapter 12

裝飾工程

空間基礎工程做確實,最後用表面修飾材料為空間質感加分。

在裝修後期階段的裝飾工程,包括窗簾、壁紙、地毯等工程,可説是為空間修飾做個美麗的收尾。壁紙可以有很多變化,貼壁面或櫃面都很適合,是不想油漆粉刷時的最佳選擇;窗簾既有功能性又具裝飾性,往往小兵立大功,安裝時有些事項要留意,免得功虧一簣;在空間鋪設地毯,可以區隔使用範圍又能創造層次。種種裝飾工程都各自有施工的程序,循序監工,確保品質,就能打造一個有質感的空間。

項目	☑ 必做項目	注意事項
壁紙壁布工程	1 壁面平整度要做好,壁紙貼起來才好看 2 驗收材料注意花色、顏色均勻度	1 壁紙若要對花,耗材會更多,需事前提出避免爭議 2 施工溢膠一定要立即清除
特殊壁材工程	1 輸出海報視張貼地點選材質 2 根據現場尺寸先打板做確認	1 人造皮不可用於日照強烈處,以免褪色脆裂 2 坐墊厚度和拉鍊位置要注意舒適和美觀
窗簾工程	1 事先規劃窗簾需求表,確認材質和配件 2 如有木作窗簾盒,要注意尺寸	1 窗簾尺寸要略大於窗戶,避免餘光 2 使用防火布,要認明標章
地毯工程	1 施工時確認地毯毛向,以免鋪完產生陰陽面問題	1 地毯要平整無痕,地面磁磚縫要填平

 裝飾工程,常見糾紛

TOP1 滿心歡喜做了遮光窗簾,拉起來邊緣卻會透光。(如何避免,見 P246)

TOP2 想裝紗簾,訂做了才發現窗簾盒無法再加裝一條軌道,只好拆掉木作。(如何避免,見 P246)

TOP3 繃皮床頭板竟然裂開了,到底是哪裡出了問題,(如何避免,見 P240)

TOP4 壁紙對花不是天經地義的嗎?為什麼工班説對花要加錢?(如何避免,見 P236)

Part 1

Part1 壁紙壁布工程

黃金準則：無論貼壁紙或壁布，維持貼著面的平整，是工程的第一步。

早知道　免後悔

壁紙及壁布都屬於裝飾建材的一種，具有相當多的花樣與色彩，材質也相當多樣，有些在表面加工，讓質感產生更多的變化。壁布最主要的特質，就是可以將布的質感呈現在壁面上，與壁紙一樣，都可以讓壁面有更豐富且更繽紛的樣貌，而且施工方便、更換容易，相當受歡迎。

只是，若是施工不慎，壁紙容易出現剝落，或者凹凸不平，這與施工師傅的專業性及環境的潮溼度有關。由於科技發達，現在的壁紙貼著劑品質都很好，只要能控制施工品質，貼完後的空間都具有一定的質感。

由於壁紙表面都會有一層 PVC 層，所以具有耐擦洗、表面抗潮、好保養的特性，如果施工時師傅的貼工好，屋主的保養也好（比方屋內經常維持空氣流通），想維持 5 到 8 年都不是問題。必須注意的是，有時靠近門窗邊的壁紙會出現翹曲，這時可以先把底部擦乾淨，再使用適當的黏著膠如白膠，抹上貼平即可。如果壁紙的接縫處出現黑黃的條紋，顯示施工時曾出現溢膠，但當時沒有處理，因而長霉、長斑，又有灰塵附著，所以在施工時若發現溢膠，一定要做絕對的清除。

壁紙驗收需注意型號、顏色資訊。

挑壁紙 6 大注意事項

1　確定背面的標識符號，如防日曬、耐水洗、易擦式等，或有防焰標章 ▶▶

2　好的產品花色應該一致，顏色均勻 ▶▶

3　圖樣紋路方向一致

壁紙壁布長期潮溼容易發霉脫落，最好貼附在室內牆，若是貼在室外牆要做結構性封板。

大部分壁紙都是高張力的底紙，表面再做一層 PU 發泡劑，經過塗布、印花上色再經過熱高壓所成型，也有純紙壁紙，或表面為金屬材質、自然纖維、動物的羽毛等種種材料，還分為國產與進口，計算單位不同。對於想節省預算的人來說，或許可以考慮 DIY 貼壁紙，但可能在平整度、對花以及收尾的工作上，沒辦法像專業師傅那般有一致性的美觀。

至於壁紙是不是越厚越好？答案是：不一定。由於壁紙的底層使用不織布透氣紙，層層加工因而產生厚度，無關好壞，主要看底紙的品質而定。另外提醒讀者，有些壁紙會有臭味，這是因為在印染色的時候加了溶劑而沒有處理完全，所以釋放出甲醛溶劑的味道，建議選擇時要注意品質。

打底、批土做確實，壁紙自然能貼得平整。

壁紙是為空間質感加分的裝飾建材。

✏️ **知 識 加 油 站**

計算壁紙用量	國內的壁紙寬度為 53 公分 x 長度 1000 公分，為 1.5 坪又稱為 1 支，計算貼附面積時，以壁紙長度可切割為幾片，再加上適當的耗料，即可計算出整個空間所使用的壁紙支數。
壁紙平整的訣竅	貼壁紙一開始就要確認壁面的打底、批土工作有無做好，萬一打底成本太高，可以適當地加上木壁板或水泥質的封板，以保持平整。

4 無刺鼻或甲醛味 ▶▶ **5** 不要買出清庫存貨，以免事後無法維修 ▶▶ **6** 檢查纖維壁紙有無脫毛離線

壁紙監工總整理
貼壁紙14大須知

1 施工單位要事先與設計師在壁紙圖上確認壁紙貼附的位置，以避免誤貼

2 記得做垂直線放線，做為一開始貼壁紙的依據，這會影響壁紙的垂直點與收邊工作

3 要注意壁面的平整度，若有裂縫要先修補，如果易潮溼或易生黴菌，要先用防霉劑處理

4 注意各種水路、電路管線是否已經就位，天花板如需開挖燈孔，要先挖孔再貼壁紙

5 如果是纖維型的壁紙，避免沾黏施工的灰塵。萬一沾到，須要求重新施作

6 膠須有適當的黏稠度，也不能有雜質，否則會造成平整度的問題

7 容易長霉的壁面，可以先用膠水加上適量的防霉劑做均勻的塗抹，避免事後黴菌產生

8 轉角位置貼附前，確實做好貼著劑的補強

9 切割面的拼花要準，如難以對花時，要檢查是否為壁紙本身印刷問題

10 小心檢查是否有溢膠情況，第一時間要用乾淨的布擦拭乾淨

11 邊緣處須加強密合，可用膠輪壓密，防止翹起

12 日照處要留伸縮縫，如轉角點在太陽照射位置或有踢腳板，須預留 1 ～ 3 公分做地面透氣縫的間隙

13 施工完畢要求清理，剩餘壁紙勿任意丟棄，以免地面黏著與髒汙

14 預留壁紙編號紙樣，並預留約 2 到 3 坪的壁紙，作為事後修補用

壁紙工程驗收 Ckeck List

點檢項目	勘驗結果	解決方法	驗收通過
01 確認牆壁無壁癌、平整度問題			

02 施工時是否做垂直線，作為貼壁紙垂直點與收邊的依據

03 施工計劃表是否確定每個空間的壁紙顏色、編號等

04 施工前確實檢查牆壁有無汙漬或潮溼，避免剝落、產生氣泡

05 膠料是否以適當黏稠度、無雜質施作避免產生平整度問題

06 轉角點、窗角等是否以白膠塗抹作加強的處理

07 易長霉的壁面，加上適量防霉劑均勻塗抹避免長黴

08 施工前檢查壁紙尺寸、比對紋路、色差避免尺寸與材質不良造成無法對花

09 有無避免凸角的轉角處接紙，以免碰觸後產生剝落

10 窗邊或陽光易照射處要預留適當伸縮尺寸，避免收縮後的厘縫

11 壁紙切割時避免毛邊或不規則，影響整體美觀

12 佈膠時是否均勻且陰乾後再做鋪貼動作，讓底紙適當吸著膠劑

13 鋪貼時溢膠是否以乾淨溼布或海棉沾水擦拭避免泛黃、發黑或發霉

14 壁紙間的接縫處是否滾密壓實，將接點作細膩收尾

15 鋪貼時是否確認正反面相同避免貼反或順逆向

16 壁紙有無留下同批號的紙樣並留 2 到 3 坪壁紙於修補時用

17 出孔線處是否做整片鋪貼再挖空避免切割拼貼

18 出孔收邊有無美化

19 踢腳板收邊預留離地 3 ～ 5 公分作為透氣緩衝

20 天花板與牆壁結合處若無線板，收尾注意避免因切割線產生，造成紙邊的色差

註：驗收時可在結果欄記錄，若未符合標準，應由業主、設計師、工班共同商確出解決方法。

Part 2

特殊壁材工程

黃金準則：特殊壁材也可用來裝飾櫃體門片，運用得宜可以畫龍點睛效果。

早知道　免後悔

除了壁紙與壁布外，其實也有皮革、輸出海報等特殊的壁材，可以帶來特別的風格與呈現，輸出海報的變化多樣以及壓克力材質所帶來的效果，也可以透過燈光的變化製造出更多的視覺效果。除了壁面之外，特殊壁材也可以使用在櫃體門片的裝飾，只要發揮巧思，運用得宜，就可以獲得畫龍點睛的效果。

皮革建材分為人造與天然的材質，如動物皮面，經過多種或不同層次的加工，表面呈現自然感覺。目前人造皮運用科技、塑膠與化學合成技術相當先進，所製造出來的皮面達到與天然皮相同的質感，除了沙發運用外，也已廣泛使用於壁面修飾、或結合泡棉的使用，運用在櫥櫃的表面修飾等。

人造皮避免過度日曬

此一般皮革的保養，選擇適當的皮革保養品定時保養即可。若是人造皮建材，則必須避免過度的太陽照射，若遇汙漬，則應用乾毛巾擦拭，或用其皮革去漬用品去除。

輸出海報

隨著 3C 產品發達，以輸出海報方式裝飾壁面越來熱門。一般輸出海報使用在具有高張力的地方，比如帆布、塑膠布或皮面，分為室內、室外型，透光與不透光型。近年來，因為輸出海報便宜且施工方便，也常使用在櫥櫃表面。

常見特殊壁材

1 皮革建材

壁面修飾，結合泡棉使用，運用在櫥櫃表面修飾，或床頭、沙發等，做為修飾造型壁板，又稱為壁軟包。

木作櫃包覆皮革

👷 老師良心的建議

老師良心的建議：裝飾工程的建材非常多樣，地面建材也可以用於壁面，運用得當，就可以輕鬆打造個人風格空間。

壁面軟包施工流程

　　一般使用合成皮或布，再經由專業的加工方式，，可成為室內設計美化的另一種品味呈現，施工方式如下：

　　1 根據現場尺寸打板裁切

　　2 選擇皮或布的材質種類

　　3 考慮想要的泡棉的厚度

　　4 思考表面有無修飾性加工，如鑲水晶、鈕扣、滾邊墜飾等外加的配件、飾品

　　坐墊的做法，除了注意以上流程之外，最重要的是要考慮坐墊的厚度與硬度，外套拆換清洗時的方式，如拉鍊的位置與做法等。

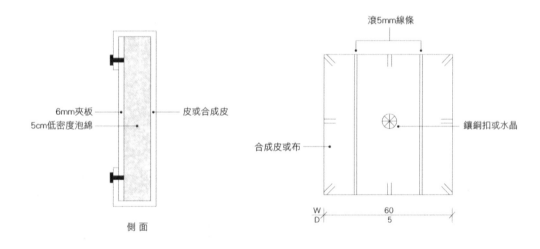

6mm夾板 — 皮或合成皮
5cm低密度泡綿

側面

滾5mm線條

合成皮或布

鑲銅扣或水晶

W
D

60
5

2 壓克力

壁面修飾或做招牌，甚至於傢具桌椅、隔間造型等。

▶▶

3 輸出海報

使用在牆面，或櫥櫃背底。

大圖輸出

壁材監工總整理
皮革輸出海報監工20大須知

1 確定皮樣及厚度，檢查表面的押花紋路是否均勻，天然皮要避免表面有病變或傷痕

2 不應該有刺鼻味，經過染色的皮面，要聞一聞是否有過度刺鼻的味道或異味

3 可擦拭表面測試染色是否確實，再從不同方向做簡單拉扯、扭拉，測試表面韌性

4 表面經過加工的皮面，例如植絨式或麂皮類等有纖維者，須留意清理皮面是否有抗汙處理

5 注意是否有多層緩衝車線，車縫是否加強拉力，用拉扯的方式檢查車縫位置是否容易有破洞、脫線

6 儘量減少高甲醛的貼著劑，聞看看便知道

7 在皮革與甲板如有使用結合釘，要注意釘子是否過長，避免造成皮面受損或人員意外傷害

8 轉角結合勿太緊，注意是否有凹凸面，或繃得太緊或太鬆

9 若皮面有金屬結合如透氣孔，要避免有毛邊或邊緣破損

10 大圖輸出確定版權問題，小心侵犯智慧財產權

11 解析度要足夠，圖樣放大有無產生顆粒

12 圖面上的色澤變化是否與原稿有明顯誤差

13 貼著式底材確認厚薄與材質，做好平整處理，室內貼著時避免有氣泡產生

14 如需透光效果，要確認紙面的透光度以及是否耐高溫

15 表面不能有明顯的刮痕、皺摺、汙漬、瑕疵，皮膜處理方式是否符合需求

16 貼著方式正確，要確定貼著可以與底材密合

17 要對稱與對花，拼貼時注意紋路與圖樣的一致性

18 邊角處理確實，檢視收邊處理是否確實，加強貼合，避免翹曲

19 用於室外型的輸出海報，要注意風雨影響，懸掛貼著穩固

20 被貼底材要注意是否容易受潮，或具有壁癌出現剝落情況

特殊壁材工程驗收 Ckeck List

點檢項目	勘驗結果	解決方法	驗收通過
01 確定皮樣如厚度、加工的紋路與花樣。			
02 表面的押花紋路是否均勻。			
03 染色皮面是否有過度刺鼻味或異味。			
04 皮面的韌性是否足夠。			
05 皮面是否有抗汙處理或易清潔的功能。			
06 車縫線式的皮面是否有多層緩衝車線。			
07 車縫位置是否容易有破洞、脫線。			
08 結合釘的釘子是否過長。			
09 皮面有金屬結合要避免有毛邊或邊緣破損。			
10 坐墊式拉鍊是否固定確實。			
11 確定圖樣沒有版權糾紛。			
12 圖面上的色澤變化是否和原稿有誤差。			
13 表面是否有明顯的刮痕、皺摺、汙漬、瑕疵。			
14 邊角收邊處理是否確實。			
15 紋路與圖樣有無對稱與對花。			
16 底材是否確實做好平整處理，若無則貼著後產生凹凸面。			

註：驗收時可在結果欄記錄，若未符合標準，應由業主、設計師、工班共同商確出解決方法。

抱枕

壁包　　　　坐墊

Part 3

窗簾工程

黃金準則：裝設窗簾要注意水平和垂直校準，才會對稱美觀。

早知道　免後悔

千萬不要小看窗簾的設置，選得好空間質感加分，選不好，破壞整體空間感。窗簾工程從布材的選擇，到遮光性、防火性等功能的確定，還有相關配件，只要施工得宜，都可以讓窗簾的裝飾效果達到最高、最美！窗簾分為很多種材質，包括印花系列或是天然素材的布，一分錢一分貨；有些窗簾雖然本身有遮光處理，但仍要視布質的厚薄而定，如果要求遮光效果佳的話，最好搭配有車縫內裡的專屬遮光布。

　　窗簾的價格落差很大，有些廠商的布料來源是一次性的大量採購，就可以壓低價格，不過窗型小或是用量少，布料加上基本工資，成本絕對比大型窗戶來得高，當然，若是選擇特殊窗型，成本也會增加。由於各空間會使用的窗簾品牌、布料、顏色圖案等需求不同，還有固定座、束帶等相關配件，不妨列出窗簾需求表，就可以一目瞭然。

窗簾盒　　　　　　流蘇束帶

避免買到黑心窗簾5法則

1

布樣要先確定，並了解實際尺寸與材質特性　▶▶

2

車縫線要注意線色、接線、線距　▶▶

😊 老師良心的建議

做到窗簾通常已接近裝潢尾聲，要注意勿汙損已做好的天地壁，鑽洞時的粉塵，準備吸塵器即時清理。

案由：南京東路
屋主：劉先生　　　　工程負責人：羅XX　　　　　　電話：2665-00XX　　緊急聯絡電話：0918-543-XXX

空間＼項目	品牌	布號	型式	尺寸	束帶	固定座	帽蓋	軌道	數量	備註
客廳										
小孩房										
和室										
主臥1										
主臥2										

說明：
型式：對開簾、無縫紗、波浪簾、捲簾、羅馬簾、百葉窗、直簾…
帽蓋：形狀可依個人喜好選擇不同款式，也可不要帽蓋
固定座：依材質不同；鍛造、水晶、塑化等…
束帶：可用同色系布料製成，也可選擇流蘇窗飾
軌道：有整條的鋼、鋁、塑料或拖架式木製、鍛造等

以現場實品、目錄照片為準

軌道
帽蓋
固定座
扶帶/流蘇窗飾

窗簾需求表

3 布邊要內摺避免毛邊　▶▶　**4** 接布要對花、對色　▶▶　**5** 布幅要足夠，標準為窗寬2倍布，可至3倍，造型較美

窗簾監工總整理
安裝監工**10**大須知

1 軌道儘量鎖在結構體上，若鎖在天花板時，則板材的厚度要夠，避免載重與收拉時脫落

2 要預留比窗戶大的尺寸，上下左右等邊緣要多出 5 ～ 10 公分做遮光處理，避免布料不足而出現餘光

3 木作窗盒預留軌道深度，如 2 層以上的窗簾（窗簾＋窗紗）

4 窗簾盒要注意到深度是否影響到衣櫃或高櫃門板的開啟

5 扣環、螺絲、滑桿、滾輪等，儘量使用不鏽鋼或防鏽材質

6 拉繩要預留適當的長度，拉力性也要足夠，避免使用塑膠材質的拉繩

7 窗簾綴飾、收邊有無平整，車線與布色有無一致性，車線高低要相同

8 木製窗簾要先做好防潮、乾燥處理，避免日後變形或褪色

9 避免手髒汙碰觸壁面，若使用梯子切勿毀損地面，鑽固定孔座時，要使用吸塵器做吸除粉塵動作

10 每塊防火布都要經過申請才會有編號，要注意是否與之前申請的號碼一致

窗簾工程驗收 Ckeck List

點檢項目	勘驗結果	解決方法	驗收通過
01 是否確認布樣編號、材質，價格會有很大差異			
02 確認車縫線有無接線情況			
03 檢查壓收邊部邊是否內摺、有無車布邊的動作否則有毛邊線			
04 確認接布處有無對花、對色以及布紋走向有無一致性			
05 挑選布樣是否確認幅寬（長）足夠做整窗造型			
06 鎖軌道是否鎖在結構體上，避免載重與收拉時脫落			
07 布長或寬預留 5 ～ 10 公分作遮光處理，避免出現餘光			
08 木作窗簾盒是否預留足夠深度放置多層軌道，如窗簾＋窗紗			
09 拉繩是否留有適當長度，拉力強度是否足夠			
10 檢查窗簾墜飾、收邊有無平整、車線與布色有無一致			
11 木製窗簾有無乾燥或防潮處理避免變形與褪色			
12 安裝時避免因手髒汙而碰觸壁面及窗簾布面影響美觀			
13 地面、牆面是否做防護措施，避免工班使用梯子毀損木地板凹凸與磁磚刮痕			
14 鑽固定孔是否使用吸塵器作吸除動作			

註：驗收時可在結果欄記錄，若未符合標準，應由業主、設計師、工班共同商確出解決方法。

┌ Part 4 ─────────────────────────────

地毯工程

黃金準則：地板要平整不能有電線，門邊、樓梯要用金屬、塑膠壓條收邊。

└──────────────────────────────

早知道　免後悔

鋪設地毯，可讓空間出現區隔及層次，也可以營造出整體的質感，但國人普遍認為在溫暖潮溼的台灣，似乎不適合鋪地毯，但其實只要施工正確，平日做好保養，在亞熱帶的台灣也可以利用地毯打造出個人所需要的空間風格。

很多人問：地毯是不是很難整理？其實不會，建議平常做好吸塵處理，就可以把雜質吸掉，縱使沾到有色的飲料（咖啡、茶）或水漬，現在還有不同的清潔用品可做妥善處理。

至於鋪塑膠地板好還是地毯好？這就要看個人了，塑膠地板可仿做石材、木紋、金屬等不同圖案，但觸感比不上地毯。有時在地毯上會看到磁磚的縫線，主要是因為磁磚施工的時候，表面不夠平整，之後又把地毯直接鋪在磁磚上，經過長時間重壓，就會出現縫線痕跡，所以一開始要把磁磚或其他地面上的縫做填平處理，再鋪設地毯就可以避免這類問題。

挑選地毯 2 法則

1

地毯表面及收邊都要要確認無脫線（毛）的問題，仔細檢驗再採購，否則可能會發生之後持續掉毛與脫線的問題，造成全面性的破壞。

2

地毯毛向要確認，避免有陰陽面的感覺，會影響整體視覺美感。

地毯監工總整理
鋪設地毯監工**10**大須知

1 依圖面決定接合面位置與收邊處理，一般收邊時會釘壓條或金屬條做加強

2 地毯有厚度，要注意是否因距離過近而影響到門的開關

3 鋪設前徹底清潔地面沙或雜質，會影響貼著牢靠度，也要注意地面是否過於潮溼，避免影響地毯品質

4 地面的平整度如果不足，可以木質地板或水泥做底面處理，但要防範使用水泥時過度潮溼而黏貼不確實

5 檢查地面與牆壁的邊角收邊垂直與平整的問題，若地面有泥渣，會有收邊不平整的情況

6 先確認地面的水電管線是否完成，避免直接鋪在管線上，造成凸起與不平整

7 所有直貼式地面比如磁磚、木地板，要避免有空心凸起的情況，造成局部的不平整或脫落

8 如果貼在架高式地板上，要確定夾板的厚度夠不夠支撐重量

9 佈膠時，佈膠面要做適當處理，貼合後注意是否有地毯拱起，或者水條紋的情況

10 滿鋪時要避免地毯翹邊的情況，最好先放置一段時間，等到地毯變平後再上膠

11 地毯片與片之間的結合處，避免位於出入口、動線區，以免因為人員走動容易造成脫落

12 地毯在施工後，接合面一定要平整，可做滾輪加重壓的處理，使地毯貼著面完全貼合

13 施工後 3 到 5 天之內，禁止進入踩踏或放置重物，並要做好適當防護

14 鋪貼完成後嚴禁還有他項工程施工，地毯必須是最後一項工程，避免造成後續清潔困難

15 要注意防火標章編號是否與規定相符合

16 樓梯鋪設地毯時，要注意到樓梯角、陰陽角的接合面，適當地加上壓條或固定條，可避免脫落危險

17 搬運時嚴禁以拖拉式方式與地面摩擦，造成脫線與離線

地毯工程驗收 Ckeck List

點檢項目	勘驗結果	解決方法	驗收通過
01 確實檢查收邊與表面有無脫線（毛）狀況避免持續掉毛造成全面性破壞			
02 檢查地毯毛向走向及有無陰陽面的狀況影響美觀			
03 是否依施工圖面決定接合面的位置與收邊處理，一般收邊會釘壓條或金屬條加強處理			
04 地毯設置有無考量是否影響門的開啟區域			
05 施工前地面是否清理乾淨，不可潮溼而影響地毯品質			
06 確認地面是否平整（可用木地板或水泥作底面處理）			
07 有無檢查地面與牆壁邊角垂直與平整度			
08 施工前地面水電管線是否完成避免直接鋪在管線上造成凸起不平整			
09 所有直貼地面如磁磚、木地板是否空心凸起會造成局部不平整或脫落			
10 貼在架高式地板上是否確認地板厚度的支撐力			
11 佈膠時是否適當處理，貼合後注意有無拱起或水條紋			
12 滿鋪時是否翹邊平放一段時間再上膠鋪貼			
13 地毯片的接合處是否位於出入口、動線區			
14 施工後接合面是否平整，是否滾輪加重壓處理			
15 施工後接合面是否平整，是否滾輪加重壓處理			
16 施工後 3～5 天是否置放重物或踩踏，有無作表面防護避免汙損			
17 鋪貼完成後是否施作其他工程地毯應屬於最後施工項目，避免汙損			
18 檢查防火標章編號是否與規定相符合			
19 鋪貼樓梯時是否注意樓梯角、陰陽角的接合面宜加上適當壓條或固定條			
20 搬運時是否以拖拉方式與地面摩擦摩擦易使地毯產生脫線狀況			

註：驗收時可在結果欄記錄，若未符合標準，應由業主、設計師、工班共同商確出解決方法。

NOTE

NOTE

監工驗收全能百科王【暢銷新封面版】

華人世界第一本裝潢監工實務大全,不懂工程也能一次上手

作者	許祥德
文字編輯	洪翠蓮
責任編輯	楊宜倩
封面設計	Eddie
美術設計	王彥蘋・莊佳芳

發行人	何飛鵬
總經理	李淑霞
社長	林孟葦
總編輯	張麗寶
叢書主編	楊宜倩
叢書副主編	許嘉芬
行銷企畫	呂睿穎

出版　城邦文化事業股份有限公司 麥浩斯出版
E-mail　cs@myhomelife.com.tw
地址　115 台北市南港區昆陽街 16 號 7 樓
電話　02-2500-7578

發行　英屬蓋曼群島商家庭傳媒股份有限公司城邦分公司
地址　115 台北市南港區昆陽街 16 號 5 樓
讀者服務專線　0800-020-299 (週一至週五上午09:30～12:00；下午13:30～17:00)
讀者服務傳真　02-2517-0999
讀者服務信箱　cs@cite.com.tw
劃撥帳號　1983-3516
劃撥戶名　英屬蓋曼群島商家庭傳媒股份有限公司城邦分公司

總經銷聯合發行股份有限公司
地址　新北市新店區寶橋路235巷6弄6號2樓
電話　02-2917-8022
傳真　02-2915-6275

香港發行　　城邦 (香港) 出版集團有限公司
地址　　香港灣仔駱克道193號東超商業中心1樓
電話　852-2508-6231
傳真　852-2578-9337

新馬發行　　城邦 (新馬) 出版集團Cite (M) Sdn. Bhd. (458372 U)
地址　41, Jalan Radin Anum, Bandar Baru Sri Petaling,57000 Kuala Lumpur, Malaysia.
電話　603-9057-8822
傳真　603-9057-6622

製版印刷　　凱林彩印股份有限公司
定價　新台幣480元
2024年 6 月初版 10 刷・Printed in Taiwan　版權所有・翻印必究 (缺頁或破損請寄回更換)

國家圖書館出版品預行編目(CIP)資料

監工驗收全能百科王：華人世界第一本裝潢監工實
務大全,不懂工程也能一次上手 / 許祥德著.
- 初版. -- 臺北市：麥浩斯出版：家庭傳媒城邦分公司
發行, 2014.10
　　面；　公分. -- (Solution ; 73)
ISBN 978-986-5680-44-2(平裝)

1.房屋　2.建築物維修　3.施工管理

422.9　　　　　　　　　　　　　　　103017641